\ 體脂少20% /

我三餐都吃，還是瘦41kg，

海鮮鍋物‧肉品蓋飯‧鹹甜小點，
維持3年不復胖，打造理想體態的
86道減脂料理 >>>>>

李姝婀（Rami）／著

林育帆／譯

減重沒有捷徑，
找到適合且持續的方式最重要

減重醫師、國際認證運動營養專家　蕭捷健

　　能夠維持瘦下來的身材不復胖，才是成功的減重。其中的關鍵到底是什麼呢？本書的作者反覆減重數次，每次都復胖，造成她身體變差，壓力一大、帶狀皰疹就發作。幸好，她找到了適合自己的飲食和運動模式，最後還登上了健美比賽的舞台。

　　減重沒有捷徑，找到一個最適合自己而且能夠持續的方式，才是最重要的。

　　我們總是跟著流行的飲食法減重。從兩三年前的生酮飲食，到現在的 168 間歇性斷食；也許這些方法真的能讓我們在短時間內減下一些體重，但是我們真的能夠持續嗎？我們不可能一輩子不吃澱粉，也不可能一輩子都在斷食。

　　身材和體重，是運動和飲食習慣的總和；減重的時候吃得很節制，達到目標之後馬上回到原本不健康的飲食，只會讓自己一輩子活在減重的永恆回歸裡，無法解脫。

　　我很喜歡作者的這三個概念：

1. 按時吃三餐，營養成分比卡路里重要

我自己從來不做斷食，因為我相信，攝取食物的好壞，比吃或不吃來得重要的多。減重的時候，維持蛋白質、碳水化合物和脂肪的比例，才不會減到肌肉，讓代謝下降，復胖更嚴重。

有些人執著於卡路里的計算，但盡吃糕點零食，這樣的飲食會讓你變成一個體脂肪高，且沒有肌肉的泡芙人。

2. 適當攝取鈉

研究證明，低鈉飲食對減重沒有什麼幫助，尤其低碳飲食會導致身體排出更多的鈉和水分。只要鈉和水分足夠，肌肉和皮膚就會飽含水分，不但能幫助肌肉生長，人也會比較好看。

3. 一定要攝取碳水化合物

這點也是我一直在強調的。如果人是一台跑車，碳水化合物就是九八汽油。人攝取碳水化合物，加上適當運動，能量系統才會運轉得比較順利。

我們不是為了減重而吃，而要為了健康而吃。擁有健康的生活習慣，身體自然會回報給我們精瘦健美的身材。

目標不應該是減重十公斤，而是成為一個擁有健康生活的人。作者現在同時擁有健美運動選手和營養師的身分，當你對自己的某個地方感到自豪，你就越會去實踐它。改變自己的身分認同和習慣，自然能減重不復胖，擁有一個不同的嶄新人生。

別讓飲食成為減肥路上的絆腳石，加油！

　　我是 Rami 營養師，二〇一〇年取得營養師執照後，不知不覺來到第十年。從我還是小孩子時，便十分熱愛食物，於是在長大後主修食品營養學。令人感到迷惘的是，原本夢想成為「廚師」的我，畢業後卻當了十年的營養師。在一整天只能思考要吃什麼的環境下，反覆上演無數次減肥成功和失敗的經驗，就這樣過完二十多歲的生活。

　　曾經平凡的我竟得到「營養師減肥族」「運動的營養師」頭銜，至今依然難以置信，我已成為宣揚美味健康食譜且身材精實的人了！（嚴格來說，我還處於現在進行式呢！）

　　過了三十歲，比起單純甩掉贅肉的減重，我更想雕塑出健康又結實的曼妙身材。首先，為了達到這個目的，我設計出不輸給一般餐點的美味減肥食譜，以避免自己對食物的執著及愛意，會往錯誤方向偏離，再加上持續進行肌力和有氧運動，也同時改變了身心。

　　曾歷經無數次錯誤的減肥過程，也相當清楚孤軍奮戰的減肥有多辛苦，所以我才會在社群網路上留下每天的紀錄。包含一天三餐的飲食清單和運動，明確記載這些變化後，我開始跟有共同目標的減肥族共享我的經驗、飲食妙招或運動方式等。

　　許多人為我加油打氣，並寫下「真希望 Rami 可以出食譜書！」的留

言，對此我心存感激，但是根本沒想過自己真的能夠出版瘦身食譜書。減肥不是什麼了不起的事，但是卻讓我對身心健康、關愛自己的 Rami 感到自豪。

寫書的時候我發現一件事，我從小自尊心低落，總是認為發生在自己身上的所有倒楣事都是我的錯。然而，現在我變得非常堅強！當有人說自己是因為參考我的飲食和運動而成功減重，我便會感受到從未有過的幸福與成就感。

未來我將跨越界線，成為精力充沛的「Rami」，傳播美味的飲食清單與健康的生活，並跟各位一起珍愛自己，創造幸福又充實的美好瘦身過程。

我從這段日子以來為我帶來幸福的減肥食譜中，重新調整營養素、食材與味道的比例，再將這些食譜編列成冊。我希望寫出對各位大有助益的書，因此不論是研究食譜或是拍攝照片，都是由我親力親為。為了不對職場工作帶來負面影響，我甚至毅然決然地辭去了原本的工作，投入全部的心力，認真地下廚、擺盤和拍攝。

真心期盼這本簡易的《體脂少 20%！我三餐都吃，還是瘦 41kg》，能為因難吃的減肥餐而感到痛苦的各位，帶來微薄助力。

過去的我

現在的我

Special Thanks To

　　從炎炎夏日到寒冷冬天，在陽台下廚、拍攝令我變得歇斯底里，但是我真的很想大聲地對總是信任我、給予我力量的家人們說：「我愛你們。」讓全世界的人都知道這件事。我重要的家人們，我真的很愛你們。

　　每當我灰心喪志時，我的第一位運動導師兼好夥伴總是為我加油、讓我鼓起勇氣，真的很謝謝你。

　　繞了一大圈，我似乎實現了小時候想當「廚師」的夢想，令我內心感動不已。跟我一起作夢的朋友們也替我感到開心，光是這點就讓人澎湃激昂了。將這件事當作自己的事而替我感到欣喜若狂的朋友們，謝謝你們，我愛你們！

　　在女人眼中也帥氣十足的夥伴崔善愛組長，當我說飲食清單毫無特別之處時，是她告訴我，我的飲食清單對某個人來說將會是既特別又不可或缺的食譜；而任智英室長則讓我文筆拙劣的原稿得以編纂成冊。謝謝您們。

　　最後，我也要向社群網站上的姐妹、朋友們致謝，是你們讓我獲得可以出書的機會。

許多人跟著我的食譜製作料理，並從我的瘦身經驗中得到了勇氣。
看著這些人從我這裡得到了幫助，我心中只有感激和喜悅之情。

做到十件事，
開心吃、快樂瘦！

1 —— 吃三餐以上，並且按時用餐

　　每天都要吃三餐以上，並間隔一定時間按時餐，對減重才會有幫助。維持空腹的時間越久，人體會為了儲存更多能量而暫緩代謝工作，並增加脂肪的合成。試圖吃得少，卻反而變得更糟糕。為了身體著想，務必要每餐按時吃飯，當作是送給自己的珍貴禮物。

2 —— 比起卡路里，營養成分更重要

　　卡路里只不過是將食品的營養價值換算成熱量再呈現出來，當作參考就好。比起卡路里，我們更該充分攝取以碳水化合物、蛋白質、脂肪、纖維質組合而成的食物。相較於限制卡路里，飲食考量營養成分，同時再搭配運動，對減重會更有幫助。

3 —— 多使用蔬菜，讓自己吃得更豐盛

　　請盡情攝取蔬菜，無須限制分量。分量太少的飲食，會感受不到飽足感，這時可以試著提高飲食清單內的蔬菜量，光是用肉眼看，便能感受到大量蔬菜帶來的滿足感。不僅如此，蔬菜含植化素，對於體內抗氧化作用、抑制細胞受損及提升免疫力，都具有極大功效，因此建議大家，不妨充分使用蔬菜來製作減肥飲食。

4 —— 外出時，提前準備健康零食

請自行準備減肥專用的健康零食吧！減肥期間特別容易嘴饞，外出時，食物帶來的誘惑也大，這時可以吃事先準備的零食。將紅蘿蔔、甜椒、大頭菜等蔬菜切好後，放進夾鏈袋或密封容器內，隨身攜帶。或是利用市面上販售的減肥專用零食也無妨，不但能有效避免亂吃，就算吃了也能降低罪惡感，不會感到壓力。

5 —— 活用各種調理方式和食材

說到減肥飲食，通常只會想到地瓜和雞胸肉，其實其他食物也能當作減肥食材。雖然看起來像一般的餐點，但只要使用少量沙拉油，並透過熱炒、油煎、燒烤、清蒸等各種方式料理，就能成為好吃的減重餐點。請跳脫偏見，好好享受減肥餐帶來的樂趣吧！

6 —— 適量攝取脂肪和鈉

我們通常認為減肥時，必須避開油類和鹽分，其實不然。如果脂肪不足，會啟動儲存能量及維護體溫的緊急系統，反而會因肝醣堆積而發胖。優質的不飽和脂肪酸反而能預防心血管疾病，有益細胞健康。

鈉也是調節體內水分的必備要素，如果體內的鈉減少，確實會因消腫及水分減少而讓體重下降，但體內成分（體脂肪減少或肌肉增減等）不會產生任何變化。反而是有低碳水化合物飲食習慣的人更需要攝取鈉，這樣才能有效預防脫水。當體內有水分時，肌肉中也會飽含水分，做肌力運動時將有助於增肌。

7 —— 一定要攝取碳水化合物

「無碳」意指不吃碳水化合物,但是,從現在起要以「無條件攝取碳水化合物」的原則來進行有碳飲食。一旦碳水化合物不足,會使體內肝醣減少,身體便會激活肝醣儲存酵素,進一步將肝醣堆積在體內。此外,體脂肪也會減少,受到能量攝取量變少的影響,身體會增加合成體脂肪的酵素活動,最後就是發胖。

嚴重時,會因營養不均衡而造成停經或生理不順,且透過不吃碳水化合物而減輕的體重,很容易會再胖回來。若是按時攝取碳水化合物,反而能促進代謝,讓體內的能量被人體旺盛地使用,對減重更有效。

8 —— 體重僅用來參考,用眼睛檢視比數字更重要!

減肥時,量體重是無可避免,但是體重只不過是構成身體內骨骼、肌肉、水分、脂肪等的重量罷了。為了雕塑理想的曼妙身材,我們降低體脂肪、維持或增加肌肉量,但是這些都不會顯示在體重上。正因如此,直接用眼睛觀察體態,檢視變化的身形,才是更有效的做法。

9 —— 比起減肥,更要當個健康的人

自從被關進減肥的監獄起,我就認為減肥是失敗的。起初,我也因為不能隨心所欲地吃,甚至還要運動而感到不悅。後來突然間,因減肥而飽受折磨的我彷彿迷失了自己,之後我才轉念,認為比起減肥,更要當個健康的人。

10 —— 讓減肥成為人生中的美好回憶

減肥不是一次就能結束的過程，之後也容易因為飲食的樂趣和誘惑而引發復胖，所以需長期作戰。然而，如果將減肥視為惡夢，便會再也不想開始；倘若能將減肥當作美好回憶，結果就會截然不同。

經過無數次的試驗後，我達成健康瘦身的目標，看到身體變得健康又苗條，我總算能在減肥時留下美好回憶。即使面臨要再次減肥，我也有勇氣做到。我都能達成，相信你也做得到。從下定決心、跨出第一步的那一刻起，你就已經成功一半了！

目次

Part 1

從小胖到大，
我終於健康地從 89 瘦到 48 公斤！

Part 2 營養師研發，吃飽又能瘦的
86 道增肌減脂料理

Chapter 1 ⋯⋯⋯⋯⋯⋯⋯ 撫慰疲憊心靈的一碗快速料理

Chapter 2 .... 為麵包狂熱者設計的豐盛三明治

Chapter 3 ·············· 盡情享用新鮮蔬菜的健康快沙拉

Chapter 4 ··············· 就愛吃肉！滿足肉食者的元氣肉料理

Chapter 5 ⋯⋯⋯ 偶爾不忌口！給減肥族的美味特別餐

新手也 OK！
一看就懂的調味料計量法

如何正確計量？

用湯匙計量粉狀調味料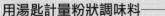

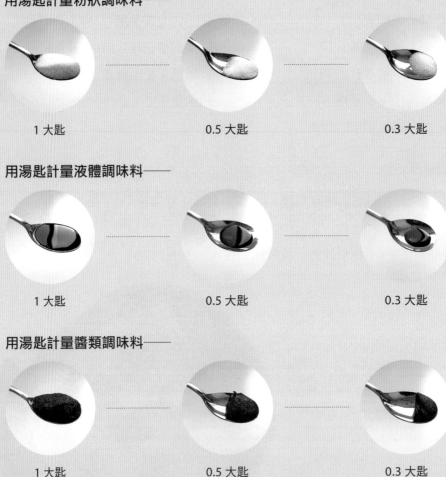

1 大匙　　　　　　　　0.5 大匙　　　　　　　　0.3 大匙

用湯匙計量液體調味料

1 大匙　　　　　　　　0.5 大匙　　　　　　　　0.3 大匙

用湯匙計量醬類調味料

1 大匙　　　　　　　　0.5 大匙　　　　　　　　0.3 大匙

用湯匙計量末狀食材——

1 大匙　　　　　　　　0.5 大匙　　　　　　　　0.3 大匙

用紙杯計量——

1 杯　　　　　　　　1/2 杯　　　　　　　　1/3 杯

用手指捏一小撮的量——

✚ 本書提到的食材（調味料）中，標示「少許」的食材都不到一小撮的量，
可以隨個人喜好調味。

如何安全使用刀具——

抓著食材的手像握蛋一樣蜷縮，並用大拇指和食指輕握刀柄前方後再切。切的時候切勿用力下壓，而是邊切邊前後挪動刀具，既省力又能切得好看。

如何包裝厚切三明治——

包裝三明治時，建議使用附著力佳的無毒保鮮膜，不但包起來會更得心應手，也能防止醬汁溢出。用刀子切時也可維持形狀，避免散開。

 →  →

1 保鮮膜裁切成正方形，再將有黏性的那一面鋪在桌面上，然後將三明治擺在中央。

2 壓好並固定住三明治，然後捏住保鮮膜兩邊的尖角，拉起後黏好。

3 上下也一樣拉起黏好。為了包得更緊實，採用相同方法，再重複一次，包上第二層。

如何調整火候——

大火
爐火能碰到整個鍋底

中火
爐火能碰到鍋底的 2/3

小火
爐火能碰到鍋底的 1/3

沙拉用蔬菜的購買原則 & 保存方式

如何購買製作沙拉的蔬菜？

　　調理與製作沙拉之所以棘手，是因為沙拉多半是由難以長期保存的葉菜類所組成。

　　製作沙拉時，我會根據當季食材或價格來決定要拿來當作主菜的蔬菜，再決定其他的副菜。一般來說，會以萵苣、高麗菜、韭菜等蔬菜當作主要材料，再用綜合時蔬當作副菜，來增添色澤與風味。超市容易購得的綜合時蔬，主要是以當季甜菜根、芝麻葉、菊苣、白菜等所組成，即使沒有分別採買，也能買到豐富多樣的蔬菜。除此之外，我也會根據心情或冰箱庫存，在沙拉中搭配紅蘿蔔、洋蔥、小番茄、小黃瓜等各式食材。

如何保存製作沙拉的蔬菜？

　　大家一定都曾有過事先處理好沙拉要用的食材，卻因為腐爛而丟掉的經驗。除去水分和密封，是能長期保存葉菜類蔬菜的關鍵。剛採買好的蔬菜請原封不動地密封，每天只清洗和處理要吃的分量，這樣是能吃到最新鮮蔬菜的方法，但是，請容我為忙碌且嫌麻煩的人介紹幾項訣竅吧！

萵苣 洗好萵苣後，比起用菜刀切，我更建議用手撕成
方便入口的大小，再瀝乾水分。接著，在夾鏈袋或密
封容器內鋪上廚房紙巾，並在萵苣中間也夾上廚房紙
巾。這樣保存不但能防止水分產生，蔬菜也不容易腐敗
或爛掉。

高麗菜 由於高麗菜剖開後會隨著時間而釋出苦味，因
此切開後不建議長時間暴露在空氣中，最好現切現吃。
如果真的想在事前切好保存，我會建議將高麗菜切成
絲後，浸泡在冷水中保存，並在三天內吃完。

　　其他的葉菜類蔬菜也一樣，建議最好不要碰到水氣並妥善密封，就
能保存得比較久。如果是清洗後再保存，洗好後務必要充分去除水分再
鋪上廚房紙巾，或是將廚房紙巾穿插在蔬菜葉片間，密封之後再保存。
不過，千萬要記住的是「要吃時及時處理」，才是降低蔬菜外觀受損的
最佳辦法。

提前準備，要用時更方便的食材

以下是適合事先處理好，並存放在冷凍庫的食材：

地瓜、南瓜、馬鈴薯　對減肥族來說，這些是主要的碳水化合物來源。若使用一般蒸鍋蒸煮，大約需要二十分鐘；使用微波爐加熱，大約需要十分鐘的時間。事先處理好再蒸熟，接著分裝成理想的分量後再馬上冷凍保存，要吃時只需自然解凍或用微波爐解凍兩分鐘，馬上就能加進料理中，有效縮短烹煮時間。蒸熟後先冷卻，即可運用在菜單中，並能冷藏保存五天。

鷹嘴豆　眾所皆知的超級食物，不但熱量低、蛋白質含量高，也有益於骨骼健康及改善便祕，屬於可善加用來搭配的優良食材。不過，由於浸泡和烹煮較耗時，必須浸泡半天以上再煮三十至四十分鐘才能食用，因此我會建議事先大量煮熟，然後分裝成小分量後冷凍保存。煮熟的鷹嘴豆冰在冷藏室容易變質，通常無法超過三天，所以保存在冷凍室較好。

青花菜　青花菜富含鉀、膳食纖維和各種維生素，是減肥時的理想食材。由於要吃時再汆燙調理較麻煩，因此建議先處理好再保存。比起將青花菜放在煮滾的鹽

水中汆燙，放在蒸鍋內蒸煮更能避免營養素流失。將青花菜一朵一朵切下後蒸熟，再分裝成要吃的分量後冷凍保存，使用上會更方便。

如何準備減肥時吃的米飯？

我們經常聽到減肥時，要先替換平常吃的米飯。一般認為，即使只吃白米飯，但只要控制好分量，其他減肥餐點怎麼吃都無妨。不過，低GI 的雜糧飯或糙米飯確實有益減肥，且只用糙米煮出來的糙米飯偏硬卻好吃，但是為了能長期安心食用，算好比例煮成雜糧飯享用，會吃得更習慣。將煮好的飯分裝成合乎菜單分量的大小後再冰起來，完成專屬於自己的即食飯，使用時更能節省時間。

雜糧飯　考量米飯黏性，我主要使用糙米。將糙米與市售的五穀雜糧以一比一的比例混合後煮熟。飯中也可添加煮熟後冷凍保存的鷹嘴豆或紫米，或是混入對減肥有益的薏仁或紅豆。

蒟蒻飯　如果減肥初期難以減少飯量，那麼可以從蒟蒻飯著手。雖然整體的飯量增加，但是碳水化合物的攝取量卻不會因此而增加。煮飯時，將糙米與蒟蒻米以一比一的比例混合，接著混入少許雜糧後煮熟。跟一般煮飯時相比，煮飯使用的水要少四分之一，接著放入蒟蒻米再煮，就能吃到口感適中的米飯。雖然跟一般米飯相比沒什麼差別，但是這樣能降低因食用碳水化合物所帶來的負擔，又能增加飽足感，一舉兩得。

六種能長期保存的多用途食材

接下來要介紹能長期保存且不易腐壞的食材，及吃不膩的作法。

冷凍綜合蔬菜　蔬菜及時採買後再處理來吃，不但吃起來新鮮，營養素也不易流失，但是吃完一定的分量後，剩下的卻不易保存。雖然我們本來就應該攝取豐富的蔬菜，但如果全部都裝進購物車內，費用將會比想像中來得可觀。

　　使用冷凍綜合蔬菜，就是解決這項煩惱的好辦法。市面上不僅有如同炒飯專用的小方塊狀綜合蔬菜，也有汆燙過再冷凍的大塊綜合蔬菜。用完需要的分量後，剩下的既容易保存又能節省食材費，且也方便運用在減肥菜單中，因此我強力推薦。

海帶類　海帶大部分會在鹽中醃製後販賣，價格比想像中低廉，是能長期保存的食材。將海帶分裝成要食用的分量，剩下的繼續浸在鹽中，並重新密封後冷藏，就能長期保存。最近在大型購物商場或小間的社區超市內，隨處可見包裝得乾淨又整齊的鹽漬海帶，包括鹿尾菜、綜合海帶、海帶片等，都適合運用在菜單中。不僅如此，若減肥時擔心便祕，海帶也是能有效促進排便的食材。

地瓜　人們常說地瓜是減肥族的主食，這句話一點也不為過。只要去除表皮的水分，再用兩到三張報紙捲起來，保存在通風良好的陰涼處即可。如果一直更換存放地瓜的位置，反而容易腐壞，因此最好不要經常挪動。保存時，若發現表皮有坑洞的地瓜，請盡早食用完畢。

土魠魚　鮭魚是最常被使用在減肥飲食清單中的魚類，但是價格比想像中昂貴，如果想要用便宜的價錢買到鮭魚，就得大量採購才行，可是這樣卻不易保存。那麼改用土魠魚代替鮭魚呢？若在超市採買，就能用牛排排餐專用的一片鮭魚價格，買到處理好的一整條土魠魚。

土魠魚只要煎一餐要吃的分量，剩下的冷凍保存，就能再煮二到三次，是節省飲食費的好食材。而且相較於鮭魚，土魠魚的脂肪含量不但低，蛋白質含量也更高，所以我非常建議用它來當作減肥的食材。

酪梨　酪梨有奶油般的口感，蛋白質豐富，深受減肥族喜愛。它屬於熱帶的後熟水果，通常是以尚未成熟的硬實狀態流通，採買後要熟透了才能吃。由於酪梨一般會以五到六顆裝在網袋中販賣，因此要盡早吃完熟透的酪梨並不容易，這也是為什麼人們常將過熟而腐爛的昂貴酪梨丟棄之故。

不妨這樣做，就能充分運用常錯過賞味期限而丟掉的酪梨。採買五到六顆裝在網袋中的酪梨後，待酪梨熟得恰到好處時，其中兩到三顆趁新鮮時盡快享用，剩下的去除果皮和酪梨籽，再切成方塊後冷凍；或是搗

成泥狀再冷凍，可當作酪梨冰沙品嘗；也可用在三明治或墨西哥玉米餅上。事先處理好，下次要用時就會很方便，也能控制飲食費的支出。

最近市面上也有切成一半再冷凍販售的酪梨，不僅方便使用及保存，解凍後品質也佳。

香蕉 是熟透品嘗的速度，遠遠比不上後熟速度的食材。為了不讓香蕉過熟，可以去皮後分裝成要吃的分量再冷凍，日後可以跟蔬菜、水果、豆漿或牛奶混合後，放入果汁機攪打，做成取代正餐的果昔享用。由於香蕉的碳水化合物含量偏高，因此建議秤重後分裝，以一餐一五〇公克的分量冷凍保存最恰當。此外，超市常有過熟香蕉的促銷活動，建議可以精打細算地採購所需分量，以便使用。

雞胸肉、地瓜及生菜，
這樣吃更美味

　　「雞地菜」是雞胸肉、地瓜、蔬菜的縮語，可說是減肥族最常用來製作減肥餐的食材。如果覺得自己忙得不可開交，煮減肥餐又太強人所難，不妨先從無須太多調理程序的雞胸肉、地瓜和蔬菜開始著手，待逐漸得心應手後，再製作更難的菜色，這樣也是不錯的辦法！

雞胸肉　市售的雞胸肉產品種類繁多，最常見的是購買冷凍雞胸肉後，再自行料理來吃。有別於以前只有低鹽雞胸肉或煙燻雞胸肉，現在口味多元，包含咖哩、香草、辣味、炭烤等，能依個人喜好挑選。

　　挑選雞胸肉產品時，比起過度執著在鹽分和蛋白質的含量上，我會建議挑選最符合個人口味的雞胸肉，才能長久實行減肥飲食。

　　雖然我是營養師，但比起吃得健康，我認為百吃不厭且美味，減肥過程才能長久，所以偶爾我也會對飲食不那麼執著。

地瓜　地瓜也能依個人喜好，從栗子地瓜、南瓜地瓜中挑選，不過分量務必要拿捏好。地瓜的重量比想像中重，蒸熟的地瓜約一百至一五〇公克，只有拳頭般的大小，或許會令人失望，但是既然已經下定決心要節制了，那就徹底遵守攝取量吧！

經常吃地瓜容易膩，因此不妨想想更多元的吃法。在蒸地瓜或烤地瓜的表面撒上肉桂粉或黃豆粉；或是在蒸熟的地瓜上淋一些豆漿，均勻搗碎成地瓜泥後，再裹上黃豆粉或肉桂粉，做成地瓜球，就是一道美味的便當菜。

蔬菜　我們可以盡情地攝取蔬菜，吃葉菜類為主的沙拉，或切成條狀再享用，甚至吃熱炒青菜也無妨。

不過，如果要用蔬菜來備餐，千萬別忘了只有「冷藏保存」的蔬菜才能用來製作沙拉。若是要冷凍備餐，只能使用熱炒或汆燙的青菜來製作。

讓菜色更好吃！
減肥時也能吃的美味醬料

是拉差辣椒醬　辣椒醬中的一種，不含糖和碳水化合物，可說是減肥族的基本醬料單品。不但能為飲食增添些微辣度，用在雞胸肉、地瓜、蔬菜、肉品或雞肉香腸等食物中也相當適合。

芥末醬　我推薦亨氏黃芥末醬，是一款不含糖、脂肪和碳水化合物，且用少量鹽分製成的芥末醬。調配成淋醬或製作三明治、墨西哥薄餅時也十分實用。

無糖番茄醬　這款無糖番茄醬也是亨氏出品，雖然不含脂肪，但是含有相當少量的糖和碳水化合物。不過，比起高糖的番茄醬，這款的含糖量明顯偏少，因此可廣泛用來代替一般的番茄醬，毫無罪惡感！

大豆美乃滋（大豆純素美乃滋）　近來市面上大量推出各式各樣的美乃滋，讓我們有更多選擇，其中，大豆美乃滋是用植物性脂肪（黃豆）製成的純素美乃滋，而非使用動物性脂肪製成。其質地黏稠，不但適合用

來蘸蔬菜，也適用於三明治或各式菜色中。最重要的是，
它既香醇又美味。雖然美乃滋多少暗藏少許脂肪，但
我認為在菜色裡適量使用一到兩大匙也無妨。

咖哩粉 速食咖哩粉價格低廉，卻能為單調的減肥飲食
帶來與眾不同的樂趣。它可以撒在熱炒青菜上調味，
也可用在炒飯、飯糰、肉類醬料上，是萬能的減肥用
調味料。雖然營養成分中包含了碳水化合物、糖和脂
肪，但煮菜時少量使用，並不會對減肥帶來太大的影響。

香草鹽 香草鹽可說是萬能調味料，能為飲食輕鬆增添
香草香氣，同時又能調味，是我相當喜愛的調味料。
不妨在五花八門的香草鹽種類中，挑選適合自己的口
味，讓煮菜變得更迅速、更方便。

研磨辣椒粉 不是必要的材料，卻是許多減肥族擺盤
時，經常會添加在菜色上的裝飾品。當然，它不是只
有裝飾的用途，還能增添少許辣度，為單調菜色加分，
只要把它想成是西式辣椒粉即可。

蠔油和豆瓣醬　或許你會對在減肥餐中使用蠔油或豆瓣
醬感到驚訝，但是如同我一直強調的，我的座右銘是
「減肥也要吃得好」，我們並不會因為在食物中添加
少許調味料而瘦不下來。事實上，在減肥時煮出美味
菜色、吃得心滿意足，才能避免亂吃其他食物。蠔油和豆
瓣醬是中式醬料，在菜色中使用半匙至一大匙提味，
就能嘗到不亞於一般菜色的美味料理。

這樣吃醬不會胖！
低卡美味的減肥醬大公開

下方提到的醬料，只要將所需食材混合，就是能佐餐的美味減肥醬。

豆腐辣椒醬　為了在食物中加辣椒醬，我會放入豆腐來
降低鹽度。主要用來當作包飯的醬料，也會添加豆腐、
雞胸肉和絞肉等，當作減肥用的炒辣椒醬，是屬於高
蛋白餐的一種。

食材——1 大匙辣椒醬、0.5 大匙蒜末、50g 豆腐、少許芝麻及香油

芥末醬　芥末醬可以搭配減肥火鍋餐或炒青菜等，和涮
涮鍋或肉類蓋飯等菜色很對味，微酸的風味讓人心情
愉悅！

食材——0.5 大匙芥末醬、1 大匙醬油、2 大匙白醋、1 大匙水、0.5
大匙寡糖

是拉差美乃滋醬　將是拉差辣椒醬和大豆美乃滋拌在一
起，令人料想不到的組合就誕生了！用來當作三明治
抹醬，或是搭配雞胸肉、蛋、蔬菜等食物，享用時便
會洋溢起幸福的微笑。

食材——1 大匙大豆美乃滋、1 大匙是拉差辣椒醬

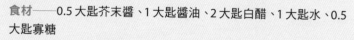

山葵美乃滋 製作三明治時，如果需要新奇的醬料，我會推薦減肥用的山葵美乃滋。將後勁強的微辣山葵和溫和的大豆美乃滋融為一體，除了三明治之外，也適合搭配蓋飯、紫菜飯捲、飯糰等食物。

食材──1 大匙大豆美乃滋、0.3 大匙山葵

咖哩優格 想念異國風味時，它是最佳首選，廣泛用於三明治、墨西哥玉米餅、越南春捲等食物中。味道既單純又高檔，是電視節目中廣受好評的醬料！

食材──1 大匙咖哩粉、1 大匙原味優格

再忙也要好好吃飯！
一定要知道的備餐技巧

　　所謂的備餐（meal-prep）是指一次準備好一段時間的餐點，然後每餐拿出來享用，是餐點（meal）和準備（preparation）的合成詞。備餐不但可以先備好富含營養的菜色，也能節省烹調和用餐時間。因此，不只是減肥族，備餐對上班族和自炊族來說也是理想的用餐方式。

　　只要將備餐想作是用相仿的食材來擬定菜色，並一次煮好後再冷凍或冷藏保存，並在一定期限內，每餐取出享用的便當即可。

・挑選容器及保存方式

　　只要是方便自己使用，什麼容器都無妨，但是建議最好根據何時何地用餐、該如何保存、分量怎麼抓等條件來挑選。我通常會擬出約三天份的冷藏保存備餐菜單，再加上我是必須上班的減肥族，所以會優先選擇輕巧、防漏的容器。

　　如果要準備長達一週分量的餐點，或是需事先煮好備餐，就要使用可冷凍保存和能微波的容器。最重要的是，一定要選擇最適合自己當下使用條件的容器。

・享用備餐便當的技巧

　　用餐時間一到，將事先準備好的便當拿出來享用即可。我習慣吃完早餐再出門上班，只有午餐和晚餐會準備便當，並在午餐及下班前享用，或是下班後在咖啡廳吃便當。如果吃的是沙拉，直接冷食也無妨；如果

想吃熱騰騰的飯菜，可用微波爐加熱後再吃。同時有飯、生菜或水果時，我會將生菜或水果放在便當蓋上，剩下的則加熱後再吃。

如果是冷凍保存的便當，早上上班時帶出門，到了中午時就已自動解凍，我會將便當加熱或是直接吃。如果是冷藏的菜色，我會根據天氣狀況，將便當裝在保溫袋內再出門，避免腐壞。另外，大家可能會想，在咖啡廳裡怎麼吃便當呢？有些咖啡廳可以帶味道不濃郁的食物進去用餐，建議事先打聽好，遵守規則再用餐。

· 各季節備餐的注意事項

除了冬天，其他季節我一定會將便當裝在保溫袋內再帶出門，使其自然解凍或加熱後再吃。也許大家會認為秋天或春天氣候涼爽，但是食物會隨著溫度而腐壞。相較於炎炎夏日，涼爽的春天和秋天反而更容易因為腐壞食物而引起中毒。明明是為了健康著想而準備便當，享用認真準備的餐點後卻引起食物中毒，那就太得不償失了！

‧ 善用書中菜色來備餐

　　本書中的菜色，推薦適合用來備餐的包括 P. 76 地瓜咖哩燉菜、P. 80 茄子番茄螺旋麵、P. 82 燕麥奶油燉飯、P. 84 蟹肉棒燕麥粥、P. 92 栗子南瓜濃湯、P. 94 麻婆豆腐蓋飯、P. 96 燻鴨泡菜炒飯、P. 160 義式嫩雞溫沙拉、P.228 無油地瓜披薩、P. 232 冰栗子南瓜優格、P. 234 栗子南瓜蛋盅、P. 250 紫薯蛋堡等。

‧ 輪流替換菜色來備餐

　　我曾有過吃膩雞肉、地瓜及蔬菜的失敗經驗，所以在構思備餐菜色時，會輪流替換馬鈴薯、地瓜、南瓜等食材，作為碳水化合物，也會變換雞肉、牛肉、豬肉、鴨肉、魚肉、蝦子、魷魚等多樣食材來當蛋白質。蔬菜也是如此，比起每次使用一模一樣的食材，精打細算地採購當季蔬菜或超市折扣商品，以便搭配豐盛的備餐便當。

　　舉例來說，以「雞地菜（地瓜＋雞肉炒青菜）」、「南牛菜（南瓜＋牛肉炒香菇）」、「馬豬菜（馬鈴薯＋豬肉炒青菜」的方式，設計多元的減肥餐享用，而非單純只侷限於雞地菜。

Part 1

從小胖到大，
我終於健康地從 89 瘦到 48 公斤！

01

我是胖子，
不可能變美！

　　我遺傳了家中胃口好的基因，再加上煮菜曾是我的興趣，所以一直以來我的體型都比同儕來得高大。小學三年級時已出現第二性徵，發育得比別人早，甚至還有兒童肥胖的問題。

　　由於個子高和身材魁梧，因此我經常收到成為運動選手的邀約。國小時，曾受邀加入鉛球隊、排球隊；升上國中後，更是經常收到是否要加入摔角、舉重、柔道等需要用到身體的校隊項目邀約。學校辦活動要進行民俗遊戲時，朋友們都穿上漂亮的韓服，只有我是穿父親的韓服玩摔角，更因此獲封摔角王的稱號。

　　我經常聽到別人叫我「小胖子」、「肥豬」，也因為從國小三年級就開始穿內衣，從此成為男同學之間的嘲弄對象，所以總是哭哭啼啼地跟父母吵著要轉學。國小四年級時，剛好住家附近多了一所新學校，為了均攤人數，我便轉學過去。可是，因為我胖嘟嘟的模樣依舊沒有改變，所以還是不斷地被同學捉弄，心靈也一再受創。

　　不知道從什麼時候開始，也默默接受肥胖成為我的代名詞。

國小時，只要做身體檢查，校方會挑出有成人病疑慮的肥胖兒童，再進行抽血檢查，而我幾乎每學年都會被叫去保健室做抽血檢查。

我經常不吃早餐，而是吃中餐、晚餐或宵夜，這樣吃下來當然會發胖。小學六年級時，體重輕而易舉就突破六十公斤；升上國中後，體重更是加速飆升。每到休息時間，我都會跟朋去販賣部，下課後再吃點心，回到家又接著吃晚餐，餅乾或冰淇淋等零食更是戒不掉。

只要沒有肉或火腿，我就會食不下嚥。由於我實在太熱愛吃肉了，如果當天早上的菜色有五花肉或其他肉類，我甚至能一大清早就爬起來，只為吃平常不太吃的早飯。

不過幸運的是，我的身材不是只有橫向發展而已，而是連身高也跟著抽高，國三時已經長到現在的高度一七二公分。最後一次親眼見證我的體重是國中二年級時，印象中是八十九公斤（從此以後我就再也沒量過體重了）。

即使如此，我也沒想過要減肥。因為我從小就是胖子，大家也這麼認為，並且習慣我的模樣了。就算父母或親戚長輩們不斷說著：「妳不減肥嗎？再這樣下去妳會滾來滾去的。」或是男同學們一邊對我指指點點，一邊說：「看看她，那隻肥豬！」儘管飽受傷害，我卻合理化「自己本來就是胖子、就是吃貨」這件事，然後自我放棄。更別談自尊心了，我早已為自己貼上「我是胖子，不可能變美」的標籤。

　　親戚又對著我問：「妳不減肥嗎？再這樣下去妳會滾來滾去哦！」

　　我胖不胖自己心知肚明，拜託可不可以別再說這種話了！

　　現在的模樣令我感到自在，反正我一直以來都是胖子，以後也不會變漂亮……

　　但是……妹婀，真的嗎？妳真的不在意嗎？

02

胖到穿三十六腰褲子，
我決定開始減肥

就算變得如此麻痺，我還是發生了備受打擊的事件，那是國三時買牛仔褲所發生的事。

長得有點肉的人一定深有同感，一旦穿上牛仔褲，大腿處便會不停摩擦，然後不到一個月，褲子就被磨破了，再也沒辦法穿。我也是一樣，明明一開始穿三十二腰，下個月變成三十四腰，再過一個月已經穿不下三十四腰了。買三十六腰褲子回家的那天，我這才驚醒過來。

親眼見識後，我才驚覺褲子真的太像大布袋了，而這件像大布袋的褲子穿在我身上竟然剛剛好，這件事令我感到衝擊。我將褲子攤開後凝視了一會兒，並且下定決心：「我不能再放縱下去了。」於是，便展開了生涯中的第一次減肥。

國中三年級時，首度減肥比想像中來得容易。由於我的食量本來就很大，而且一直以來都有吃零食和宵夜的習慣，再加上不喜歡運動，因此可說是不折不扣的宅女型胖子。只要控制食量、多活動身體，就能達到絕佳的減重效果。

調整飲食是減肥的開始。我只吃三餐（原本是吃三餐以上），同時將分量縮減為標準的一半，並且戒掉零食。另外，我也建立專屬自己的運動鐵律，即一週運動五天以上，不管下雨或下雪，都要前往住家附近的運動場快走，每次走一個半小時以上。想吃東西時捏自己的大腿，忍住不吃。三個月後，足足瘦了三十公斤以上。

整個人小了一號，小到連校服都要重新訂做。吃得少，外加有運動，所以才瘦下來，乍聽之下是健康的減肥過程，對吧？其實不然。當時我因為害怕吞下食物後會發胖，所以養成了咀嚼後再吐出來的飲食壞習慣，人們稱之為「嚼吐」。體重的開頭數字變動了三次，我也沉醉在大家說我瘦身有成的讚美聲之中，可是卻沒有意識到這是錯誤的方法。

明明想吃卻擔心吞下去會發胖，這時吃完再吐出來的嚼吐總會強烈誘惑著我。一旦開始進食便會失去理智地狂吃，直到有股食物滿溢到喉嚨的感覺，這才感受到那是多麼地可怕。

我曾經傻傻地暴飲暴食後再吐出來，可是一再反覆嚼吐，再自然而然地嘔吐，也讓我同時產生了「唉，太浪費吃下去的東西了」、「反正這樣也好」兩種心態。渴望瘦身的心願變成一種威脅，而那股威脅再演變成那樣的行為，相信很多人都有嚼吐或吃完再嘔吐的經驗。

直到有一天，我突然覺得這樣太危險了，也許我會因此患上暴食症也說不定。我認為暴食是心理疾病，也許有的人會覺得，暴食是愚蠢脆弱的人才會罹患的疾病。然而，這並非你沒做任何努力，而是因為一再隱忍並壓抑心靈，所以才會感到更加心痛。若是擁有美好的減肥經驗，就不會產生那樣的心理疾病了。

咀嚼完再吐出來，是錯誤飲食習慣的捷徑，是增加壓力的行為，然而我卻十分能理解人為何會做到如此極端的心態。不過，為了自身著想，

我希望大家可以嘗試不同的努力方法。不是要大家抑制食慾、忍住不進食，而是養成能吃得更健康的習慣，日後偶爾吃些自己想吃的東西，並搭配運動和飲食清單，我相信你一定會脫胎換骨。願我們都能自我反省，然後更珍愛自己。

現在想一想，我真心覺得自己過往的飲食習慣太差了，如今能改掉壞習慣，真是太萬幸了！

　　牛仔褲已經磨破了，所以不到一個月又跑去買新的。

　　兩個月前穿得下三十二腰，一個月前變成三十四腰，結果今天買了三十六腰回家。

　　穿起來是合身啦，但是褲子也太大件了吧！

　　那像大布袋一樣的東西，穿在我身上竟然剛剛好，我該如何是好？QQ

03

因為愛吃也愛煮，
讓我成為營養師

　　自幼年時起，我對食物的熱愛就與眾不同，不但貪吃，也喜歡親自下廚。第一次開火煮東西，是我還在讀國小的時候。小學二年級時，年僅九歲的我放學後帶朋友回家，當時我用壓力鍋煮飯，卻在尚未完全洩壓的狀態下打開鍋蓋，導致鍋蓋彈飛，砸破了餐桌的玻璃，因此被父母狠狠地教訓了一頓。可是，那天的米飯既潤澤又帶有光亮，甚至連鍋巴都焦得剛剛好。即使餐桌玻璃破了，我和同學依然張羅好一桌菜享用，可說是膽大包天的小學生！

　　由於我的父母都要工作，當時身為小學生的我會算準他們的下班時間，準備好飯、蛋捲、海帶湯等一桌佳餚，著實讓家人嚇了一大跳。雖然沒有特地練習廚藝，倒也偷偷習得媽媽的好手藝。即使看電視，也是邊看烹飪節目邊學做菜。讀國中時，想要吃的菜我多半會自己煮來吃。從高中開始，我做的菜也越來越像樣了。

　　我會做辣燉海鮮給媽媽的朋友們品嘗，或是放學後跟朋友們一起做水餃餡、擀水餃皮，然後包手工水餃來吃。二十歲出頭，我已經會醃製

各種風味的泡菜了。

　　事實上，直到高中為止，成為網站設計師一直都是主修電腦的我的夢想。高中時期，我已考到七張電腦相關資格證書，也計劃大學要讀電腦相關學系。可是，不知從何時開始，我突然報名廚藝學院，準備考取料理證照。高中三年級、升大學前的我，考到韓食烹調技術士證照，同時決定改變大學志向，進入營養調理學系就讀。

　　升上大學後，做菜依然是我的興趣，而我也一直在學習，並考取西餐、中餐、日式料理烹調技術士證照。大學畢業後，我通過營養師考試，選擇了營養師這份工作。

　　其實，營養師這份職業的工作不是做菜。我學習烹飪的當時，女廚師不如現在多，而且相較於男廚師，女廚師較不容易受到肯定。如果想以女廚的身分擠進一流廚房，至少要出國留學或是頂著明星大學的頭銜，勉強才能就業成功。既然光憑熱情當廚師會很辛苦，而我也看清了廚房比想像中可怕的這件事，因此我自然而然地選擇踏上營養師這條路。

　　成為營養師後，我對食物的喜愛依然不減。因為我太愛吃又太愛煮，所以總是會在一成不變的團體伙食菜色上做些變化，同時也很享受研發新菜單的樂趣。做菜是我的興趣，也是我的日常生活。熱愛食物的我，不知不覺也當了十年的營養師了。

今天第一次用壓力鍋煮飯。

不但白飯美味，鍋巴也很好吃。和同學一起煮飯來吃，吃得好飽又玩得好盡興。

可是壓力鍋的鍋蓋彈飛了，還砸破餐桌的玻璃，我因此被爸媽罵了一頓。

他們說要等鍋子完全洩壓後才能打開鍋蓋，而我卻聽不懂他們在說什麼。

04

試過各種減肥偏方，
不但沒瘦還換來一身病！

初次減肥成功後，我不但沒再去運動場快走，還恢復過去的食量，甚至又開始吃零食，所以立刻又復胖了。升上高中後，我再次變回身高一七二公分、體重七十公斤的壯碩女學生。我的胖是胖全身的，若非要形容，上半身更有分量。完全瘦下來後再看，骨架明明沒有很大，身材看起來卻異常大隻，也許是上半身太有分量才會如此。

我本來就對下廚感興趣，為了學得更專精而開始上廚藝課，自那時起，便更熱衷於「吃」這件事。開始上課後，不但可以試吃，而且不分平日週末都在下廚，所以總是與食物為伍。一陣子過後，若發覺變胖再開始減肥。雖然一開始會規律地減肥，但後來因為想用更簡單、輕鬆的方法瘦身，便會選擇當時流行的各種減肥偏方，如服用中藥、西藥等捷徑。為了減肥，我什麼減肥法都試過了。

高中時，「單一食物減肥法（one food diet）」紅極一時，結果我卻徹底失敗了！我以蘋果作為我的單一食物，一天只吃六顆蘋果，就這樣吃了兩個星期，後來身體負荷不了，開始出現異常徵兆。

貧血和疲憊感是最先出現的症狀，不僅提不起勁，對每件事也感到非常無力，而最令我感到害怕的是掉髮。不論是一覺醒來後，還是洗頭後、梳頭髮時，都會掉頭髮。我的髮量本來就偏多，所以一開始只覺得自己掉了些許頭髮，可是一起進行單一食物減肥法的朋友們全部出現相同症狀，嚴重的人甚至生理期沒來，再加上頭髮越掉越多，我莫名害怕了起來。最後，時隔兩個星期，單一食物減肥法無疾而終。

以現在身為營養師的觀點來看，這是以營養學角度來說，萬萬不可嘗試的減肥法之一。單一食物減肥法會導致營養不均衡，舉例來說，最常被選用的蘋果，其主要成分為糖分、膳食纖維、水分等，如果單靠吃蘋果來減重，會缺乏蛋白質和其他需要的營養素，體內就會出狀況，也就是我因蛋白質不足而出現的掉髮和免疫力下降等症狀。只吃一種食物瘦身，本來就是錯誤的減肥途徑，更會造成脫水、肌肉減少、生理期沒來、失眠、骨質疏鬆症及基礎代謝量減少等。

雖然光靠吃蘋果減肥，兩星期就瘦了三公斤左右，但是中斷後時隔一星期，我又恢復原來的體重。

接下來是曾經蔚為流行的「檸檬排毒減肥法」。這個減肥法也是一樣，只喝檸檬水來排出身體的毒素，餓肚子卻攝取不到營養素。就算只喝昂貴的檸檬水會瘦，但是卻無法維持一輩子。朋友們瘦了四到五公斤，可是我卻連一公斤都沒有減少。明明只喝水撐了好幾天卻沒有變瘦，這件事我至今依然無法理解。現在回想起來，我猜是當時購買的檸檬排毒產品內含有大量糖分的緣故，不然就是我弄錯飲品的比例了。

升上大學後，我借助萬萬不能使用的藥物來減肥，這次也是聽朋友說有效才開始的。起初是先到家庭醫學科看診後領減肥藥服用，每餐根據處方箋，服用七粒連成分是什麼都不知道的藥丸。後來一再出現無力

感和躁症，情緒起伏也漸趨嚴重，噁心反胃的感覺和頭痛更是揮之不去，偶爾還會因為呼吸不順而難以喘氣。如果是曾經服用過西藥的人，應該也會出現其中一種副作用。

我在想，是不是因為每餐都要吃多種藥物，包括食慾抑制劑、利尿劑、便祕藥、癲癇藥、憂鬱症藥等藥效強勁藥物之故，才會引起副作用。

看到身邊服用西藥且輕鬆瘦身成功的人，難免會被誘惑，就連我也不例外。然而，想到哪天我走在路上說不定會因此昏倒而死亡，我便就此打住了。事實上，當時也曾發生有人服用減肥西藥卻因異常反應而自殺的事件，並因此成為一大話題！

我也吃過中藥，而且也跟服用西藥一樣，產生明顯副作用。縱使是依據自身體質所開立的處方箋，然而那依舊是危險的藥物。心悸、噁心反胃、手部顫抖、多汗，是出現在我身上的副作用。

我認為，不管是西藥還是中藥，這些比想像中更容易瘦下來的減肥方式，都可能是危害健康的危險瘦身法。我真的相當懼怕服用減肥藥物的副作用，且更嚴重的問題是，靠藥物瘦身無法長久維持，不但一定會復胖，甚至可能會胖得比以前更離譜。

結果繞了一大圈，試過所有減肥方式卻都以失敗收場後，我終於恍然大悟了。那就是，我的身體要走正規的路，並要一步一腳印地減肥，才會瘦得健康、瘦得漂亮！

05

免疫力下降、疱疹復發，
亂減肥讓身體亮紅燈了！

我讀大學了，展開二十歲的人生。就讀國、高中時，大人們所說的「上大學就會瘦」，這句話撫慰了我，讓我心安了不少。然而，我卻沒有因為上大學而瘦下來。

國中、高中讀完女校畢業後，我幾乎沒有跟男生相處過，而且打從娘胎開始就是胖子，對自己的外貌又感到相當自卑，所以上學令我非常不自在。如果學長或男同學釋出善意向我打招呼，或是開玩笑試圖跟我拉近關係，我只會納悶：「他為什麼要這樣對我？」一想到他們可能不是真心的，所以我只好冷淡或是毫無反應地對待他們。也有可能是小時候就養成的自我防禦本性或自尊心使然，讓我將善意的行為誤當作是人身攻擊或惡作劇。

大二時，我下定決心要再次減肥。原因在於，看著美麗動人又活力充沛的朋友和學姐們，我也開始產生想把自己打扮得漂漂亮亮的念頭了。

一個半月左右的放假期間，我靠著高強度有氧運動和一天一餐的方式，瘦了十公斤以上。不知道是不是因為當時我還年輕，這種偏激的減

肥方式並沒有讓我感受到健康方面的特殊異常訊號，所以我渾然不覺這是不健康的減肥法。

　　光是能走進販賣女性衣服的服飾店購物，便令我感到萬分幸福。因為一直以來，我主要都是買運動用品店販售的寬鬆衣服和舒適運動鞋，所以在那之前，我作夢也沒想過會去女性服飾店。穿上合身的女性服飾，對我來說彷彿夢一場。將買回來的衣服擺放在房間裡，端詳好一陣子，我不知道有多麼地激動，即便是現在，我依舊忘不了當時的心情。當我身材還很臃腫時，只要跟朋友們去女性服飾店，店員們都不會將我當作客人對待，甚至根本不會放心思在我身上。連我自己也常常感到畏縮、卻步，但是這樣的我竟能感受到「穿上女裝」的喜悅。

　　雖然穿的是 L 號，但是能穿上女裝這件事，已令我感到心滿意足，所以為了維持身材，我更加努力。然而，開學後回到學校，接二連三的聚餐和外食，讓我在就業之前又發胖了，而且變得跟以前一樣胖。其實現在仔細想想，那樣圓滾滾的模樣也挺不賴的，可是當時我卻礙於過去曾是胖子的印象，只要稍微發福，便會開始在意周遭的眼光，並且對他人的一字一句感到極度敏感。

　　極度厭惡自己渾圓身材的我，在二十五歲擔任起營養師一職後，又開始減肥了。也許大家會認為：「既然是營養師，想必會吃得更營養、瘦得更健康吧？」但是二十五歲的我憑著自己年輕，即使身為營養師，卻依然將營養和健康擱在一旁，被「少吃多動才會瘦」的單純想法給框架住，就這樣開始減肥了。

　　「少吃多動」這句話聽起來很健康嗎？事實上，我早餐沒吃，中餐和晚餐在公司解決，在餐盤（由於我的工作是營養師，所以都用公司的餐盤用餐）內裝五湯匙白飯，配菜也是五湯匙，而且都只盛一口就能吃

完的分量，並用茶匙用餐。另外，我會到住家附近的運動場走路，或是用健身房的跑步機進行有氧運動一小時，零食則是完全不吃。

這麼做讓我甩掉十五公斤以上，在大家眼中，我變得又纖瘦又高挑。我甚至穿了無袖連身裙，那可是我有生以來第一次穿呢！然而，不知道是不是因為吃得少、有運動又要上班的緣故，不然就是自高中起一再減肥又復胖的關係，我的身體開始慢慢出現異常訊號。

一年到頭頻頻感冒，免疫力下降使我幾乎罹患了各種流行性疾病，二十多歲時甚至罹患帶狀疱疹。

由於體力欠佳，導致我只要覺得有些疲憊，便會變成重感冒或出現帶狀疱疹。一年三百六十五天中，沒生病的日子反而比較少。身材高大看起來很健康的我，殊不知體內虛弱得不得了。我想，大概是國三以後一直進行的各種減肥法，開始對我的身體施以嚴峻懲罰，才會導致我不斷生病吧！

啊，一天又開始了！

肚子好餓喔！整個人無精打采！感冒為什麼都不會好呢？

就算這樣，今天下班還是得去運動，如果又發胖怎麼辦？絕對不能胖！

06

靠著正常吃及運動，
我瘦到四十八公斤

　　試過無數的減肥法都以失敗收場，一再發胖又變瘦，就這樣一路走來的我也迎來了三十歲。一邁入三十歲，反覆減肥和二十多歲時所經歷過的減肥副作用，在我身上表露無遺。我從小就不是活潑好動的人，也不喜歡運動，可是一步入三十歲，體力馬上變差，雖然外觀上看起來身材高大又健康，可是免疫力實在太差，我儼然變成了罹患所有流行病的「流行疾病中心」。

　　如今少吃、用有氧運動來虐待身體的減肥方式，早已無法維持身材，我這才恍然大悟，我得不到夢寐以求的健全心態和健康體態。四年下來，即便我在學校學習了營養知識，期間也以營養師身分有過許多臨場經驗，可是卻用愚蠢的方法搞壞自己的身體。

　　不要再走簡單又快速的捷徑，就算路途艱辛且走不快，我們也要做出健康的選擇。

　　步入三十歲後，從小胖了又瘦、瘦了又胖的皮膚和贅肉不可能安然無恙。不僅肥肉下垂，贅肉和橘皮組織更是無所遁形，最重要的是，我

想擁有結實健康的身材。所以，我打算先做肌力運動，便報名健身房。可是，我在健身房裡經常東張西望後就回家了，那一個月也只跑了跑步機和舉〇‧五公斤的啞鈴。既不知道運動方法，又不明白器材使用方式，更不好意思跑去詢問教練。

在這樣的情況下，我想著既然要投資自己，那不如靠運動和飲食來讓身體更健康吧！看到私人教練的廣告後，我報名了一對一課程。用上班的薪水支付課程費用，需要相當大的決心，也因此讓我有所覺悟。我開始運動，並下定決心修正我的飲食清單。營養師是我的工作，可是為什麼我沒有善加利用它呢？這也是我透過營養飲食和運動來雕塑身材的第一次。

一般餐點的誘惑和不習慣吃減肥餐，導致我的起步較辛苦，但是熱愛下廚這件事倒是幫了大忙，讓我煮出各式各樣的料理，並將一般食物改良為減肥餐，同時也接觸多元的減肥食品和食材，使我得以享受探索新事物的樂趣。

為了跟自己的約定，我拍下飲食照片，申請 IG 帳號，開始紀錄我的減肥生活。

運動方面，包括一對一課程及自主運動，以每週五次以上為目標，進行三個月後，我減了十四公斤的體脂肪，甚至還悄悄地長出了腹肌。一開始報名時體重是七十公斤，運動和控制飲食後，體脂肪減少十四公斤，肌肉則維持在五十五至五十六公斤。

雖然以前也曾藉由節食減肥瘦到一樣的重量，但是運動加上無負擔的飲食，讓我即使體重相同，卻能擁有截然不同的體態，真的有股自己正在雕塑體態的感覺呢！此外，身體也變得更健康，本來一年到頭都在感冒，後來再也沒感冒過了，自己也能感覺免疫力和體力有所好轉。我

甚至能穿這輩子似乎都穿不下的 S 號衣服，親眼見證到如此戲劇性的效果，讓我發下要拍攝寫真書的宏願。

雖然我對自己的外貌已經相當滿意，但是為了寫真書，我又開始減重了，這次瘦到四十八．五公斤。長這麼大，體重出現四字頭已是國小低年級的事，所以這真的令我非常驚訝。原來只要付出就能成功，原本以為再也瘦不下來的蝴蝶袖也全部不見了，甚至練出了王字腹肌呢！

瘦了這麼多卻沒有副作用，是我至今試過的所有減肥方式中，最健康的一次，不但身體更健康，也經常聽到身邊親友說我的氣色變得不一樣。終於，我如願完成第一次的寫真書拍攝，雖然要付出許多努力與耐心，但這確實是件意義非凡的事。我彷彿看到了最深層的自己，也看到了心中更內在的那一面。

我知道自己的極限，現在則得到了戰勝那份極限的自豪感與成就感。不只是外在，我的內在也變得更強大。比起變美，變強大似乎是件更困難的事。如果減肥太極端，不但耗費體力，精神方面也會感到相當疲倦及孤獨。因為太累而想放棄、想大吃，甚至會懷疑自己究竟是為了什麼而這麼做，然後憂鬱感隨之襲來，情緒起伏也會變得更嚴重。我克服了以上種種問題，同時雕塑了我的身形。人們見證我的身材後，對我說「真是辛苦妳了」、「妳好了不起」時，不禁令我流下淚來。

基於單純想要好好紀錄自己巔峰時期的念頭，於是我開始準備拍寫真書，這也為我的人生帶來莫大鼓舞與自我信任。瘦身期間，我藉由 Instagram 跟同在減肥的網友們彼此加油打氣，互相分享多元的減肥情報（運動或飲食），因而才能更享受減肥的過程！

07

天生就是胖子的我，
以健美選手身分上電視了！

　　拍完寫真書後，我吃一般餐點也吃減肥餐，同時也持續運動。我以健康的持續減肥族自居，期間突然對於「我的身材還可以有多大的改變？」感到好奇。

　　由於我從小就是胖子，又有 X 形腿、駝背，及與生俱來的粗手臂和直筒腰，所以即使瘦下來，身形也不會漂亮。然而，準備拍攝寫真書時，我不只體重減輕，體型也開始改變了。我藉由做下背部的運動來雕塑直筒腰，讓腰部看起來有線條。另外，我也持續做可鍛鍊肌力的擴胸及腰部施力的基本動作，來矯正駝背問題。

　　我的下半身有輕微的 X 形腿（膝外翻），透過運動，目前已稍微獲得改善。膝外翻是骨盆變形的最大原因，我透過臀部和大腿內側的運動來鍛鍊肌力，藉以改善膝外翻的問題。

　　體型逐漸改變後，我不禁想，自己或許也辦得到，於是立刻確立了目標。事實上，變胖時不但自尊心低，也會因為自信不足而抱有「我辦不到」的心態。可是，自從我藉由拍攝寫真書獲得成就感後，心態方面

也變得更健康了。

　　二〇一九年上半年的目標是，花三個月準備健美比基尼組的比賽，於是我開始減重。有別於拍攝寫真書，我進行更高強度的運動，甚至上健體姿態課。為了籌措比賽費用，營養師的工作結束後，晚上我會打工兼差。雖然日子過得又忙又累，可是幸好我有目標才能撐下去。

　　拍完寫真書後，我有信心能將體態雕塑得更理想。原本懷著「我一定要辦到」的遠大抱負展開訓練，可是沒想到這比拍寫真書還要來得累人。我擔任企業營養師一職，早上六點要上班，但一大早仍會親自備好三餐的便當再出門。完成活動量大的工作後，下班再去上健體姿態課及運動三小時，回家後再練習如何擺姿勢。由於鞋子穿不習慣，導致腳背的皮膚都脫皮了，這樣的情況下，我仍會穿上襪子以吸附組織液，繼續運動和練習擺姿勢。有時候難免也會產生「我為何要這麼賣命」的疑問。

　　每當覺得很辛苦時，身邊親友和家人的鼓勵會化作我的動力。不過，Instagram 上未曾謀面的網友們所留下的加油訊息，更是帶給我莫大的支持。我想讓大家親眼見證，只要下定決心，天生就是胖子的人也辦得到。「我都沒放棄了，大家也別放棄」，這是促使我能撐下去的動力。

　　許多減肥瘦身者的心理層面，遠比我們想像中來得容易感到疲憊，所以我想透過心態、行動展現給他們看。不是我與眾不同或特別厲害，這是任何人隨時都能做到的事。

　　當我咬緊牙關、站上舞台的那一剎那，頓時覺得：「啊，從現在起我沒有辦不到的事了！」我在三百多人面前展露自己的身材，全身上下只仰賴一塊小小的布，並將這段期間拚命鍛鍊的體態展現出來，我永遠忘不了自己擺出姿勢的那一刻。

　　曾經被嘲笑是胖子而苦苦哀求要轉學的我、曾經要穿三十六腰的

我、曾經渴望自己看起來很纖瘦的我，腹部居然練出王字腹肌，並且在眾目睽睽下，參加供人評價體態的比賽，這是一件多麼激勵人心的事啊！不僅如此，參加了三次比賽，我甚至創下奪得兩次冠軍的佳績，也因此贏得至今依舊讓我感到不自在的「李姝婀選手」的稱號。

比賽過後，我收到許多節目邀約，其中 MBC 電視台《心情好的日子》更將我喻為減肥之神。我在節目上介紹透過美味減肥餐而瘦身成功的祕訣，同時也秀出參加比基尼大賽的姿勢，使我留下美好的回憶。

我幾乎沒有留下任何一張自己發胖時期的照片，我想身材肥胖的人大概都會認同吧！我不但討厭站在人群前，也不喜歡拍照，連節目上公開的「瘦身前」照片，都是我去探視當兵的親戚時，用底片相機所拍下來的團體照。即使要拍照，只要角度喬好就能遮掩肥胖，或是拍好後再用 Photoshop 修圖。我曾經夢想成為網站設計師，所以非常會使用 Photoshop，只要跟朋友拍照，都是先由我檢查，然後再修圖，最後才將照片傳給大家。至於原檔的部分，當然被我刪光了（笑）。

不過，我似乎是從那副模樣被赤裸裸地紀錄後，才開始認真減肥。倘若你真的下定決心要減肥，現在立刻站到鏡子前檢視自己的模樣，並拍下正面、背面、側面的照片，立下目標，決定自己要瘦多少公斤及準備如何雕塑身材。

每天或是一到兩週後用肉眼檢視身形，先認真減重，一個月過後再拿出「瘦身前」和「瘦身後」的照片比較，你將會看到自己脫胎換骨的面貌，以及感受到莫名的成就感。身體不會說謊，我現在也會隨時用眼睛檢視身材並拍下來，紀錄自己在鏡子中的樣子。如果當初有保存肥胖時期的照片，現在就能拿出來比較，那該有多好啊！

08

卡路里不是一切，
三餐都吃才能維持身材

　　截至目前為止，我仍保持著曼妙健康的體態，雖然拍寫真書或健美比賽時的王字腹肌早已不復存在，但是依然維持著富有彈力的健康身材。目前正關注我的人絕對無法想像，我也曾面臨兒童肥胖的問題，曾穿過三十六腰的褲子。我依舊極度熱愛食物，非常在乎吃這件事，而且是個不論吃什麼都會發胖的人。

　　十多年下來，我一再減肥、復胖又再次減肥，長期減肥讓我心力交瘁，所以一年當中有九個月是維持期，另外三個月則是減重期，我以這樣的方式度過一整年。目前邁入第三年，現在依舊保持著健康的好身材。

　　卡路里只是我參考的依據，不管是減重期或是維持期，我盡可能一天吃三餐，而且會均衡攝取碳水化合物、蛋白質、脂肪和纖維質。減重期時，我三餐都吃減肥餐，但是菜色都是不輸給一般餐廳的美味料理。因為我很愛吃，基於想愉快地打開便當盒的想法，才會衍生出各式各樣、五花八門的菜色。

　　減重期時，我會做肌力運動一小時，有氧運動一小時到一百分鐘，

然後每週運動五次以上。一天喝三公升的水，努力過規律的生活。維持期時，三餐中有一餐吃減肥餐，其餘兩餐則吃自己想吃的食物，但要適量攝取，不能吃過量。運動方面，即使運動量少，仍要持之以恆地運動。營養均衡的飲食加上肌力運動，讓我即使發胖也能胖得很勻稱。

若想在一天三餐中，均衡攝取碳水化合物、蛋白質、脂肪和纖維質，許多人會為了該如何攝取而感到苦惱。然而，如果不攝取碳水化合物，身體所需的能源無法送達全身，進而導致代謝率下降，無法分解體內脂肪，對減肥無濟於事。

比起計算卡路里，最好的方式是檢查食品營養成分，並且每餐攝取碳水化合物、蛋白質、脂肪和纖維質。如果情況不允許，可以根據上一餐和下一餐的內容來調整營養素。食品中多少含有脂肪，且烹調時或調味料中含有的量也已足夠，因此可將重點放在如何調整碳水化合物、蛋白質和纖維質（像是豐富的蔬菜）上。

例如說，第一餐吃了兩百公克的碳水化合物、五十公克的蛋白質、三十公克的蔬菜，這就表示吃太多碳水化合物，蛋白質不夠多，因此下一餐要改為八十到一百公克的碳水化合物、一百至兩百公克的蛋白質、三十公克的蔬菜。

不論如何，減肥就是要調整飲食，許多人會因為進食量變小而產生便祕，所以我會建議一天喝兩公升以上的白開水。雖然這是我們再清楚不過的事了，但之所以會常掛在嘴上也自有它的道理。

未來我依然會適量攝取自己想吃的食物，同時也會享受營養滿分的美味減肥餐，打造健康勻稱的身材。除此之外，我想要再次挑戰健美比基尼大賽，從中得到認可；我想證明原本不纖瘦的人也能做到，考驗自己的極限！

減肥不只是雕塑健康的身形，也能讓心靈更健全。忍住食物的誘惑時，同時也在調整心態；做運動時，同時也能測試體力的極限和意志力。我們可以藉此看到自己成長蛻變的樣貌。因此，我希望大家能抱持著「我一定會變得健康又漂亮的心態」開始減肥，而不是我一定要變瘦。

2020.XX.XX ☆☆☆

如果有時光機能讓我回到過去，探望以前的我，
我想要抱抱她並對她說：「妳是一個無所不能的人。」
我愛以前外表假裝開朗、內心卻傷痛不已的自己，
卻也愛現在每天努力不懈的自己。

圖❶❷ 高中時做的家常辣燉海鮮和泡菜水餃，賣相和味道一級棒。

圖❸ 秉持著義務感，按時上傳自己一天三餐的照片到Instagram上。

圖❹❺❻ 由上而下，分別是正值減重期所帶的蔬果棒、上班時準備的備餐便當，及維持期吃的一般料理。

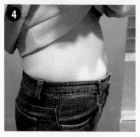
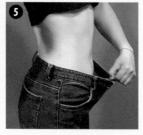

❶❷❸ 這是 20 多歲時,反覆減肥又復胖的小胖子時期。現在回頭看,也許當初不那麼執著於減肥也無妨。

❹❺ 第一次減肥瘦到 67 公斤,但是下定決心要靠運動健康瘦身後,不但肌肉量增加,贅肉也不見了,所以又瘦了 10 公斤。

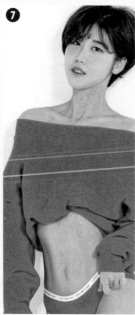

❻ 一邊上班,一邊準備健美比賽,不論是身體或精神上都相當辛苦。可是,為了考驗自己的極限,並且讓眾人了解,如果有兒童肥胖問題、穿 36 腰又沒自信的我也能做到,那麼大家也做得到,所以我才會堅持到底,完成比賽。

❼ 拍攝寫真書是寶貴的經驗,它造就了現在的我。透過莫大的成就感,讓心靈更加健全,同時也讓我更相信自己。

Fried potato

Egg pie

Apple pie

Part 2

營養師研發，吃飽又能瘦的
86 道增肌減脂料理

Patty

Tuna bibimbap

Crab Meat Rice Porridge

Chapter 1

因減肥、運動、上班、人際關係而感到身心俱疲時，

這些溫暖的料理撫慰了我。

備餐期間我感受到了幸福，

光是用眼睛看這些完成的食物，便覺得療癒。

身心需要被安慰的人，

現在馬上跟著我一起做吧！

Rami

撫慰疲憊心靈的
一碗快速料理

超簡單的高蛋白餐

親子丼

如果吃膩雞胸肉、地瓜及蔬菜時，那就來吃在日本被稱作「親子丼」的清爽美味雞肉蓋飯。

體力不濟或過度使用肌肉時，可以藉由高蛋白餐來幫助肌肉恢復。它能讓飽足感維持較長的時間，是我相當推薦的減肥版親子丼！不僅容易料理，味道又美味，就用它開啟無負擔的一餐吧！

材料

主食材————

雜糧飯	100 公克
雞胸肉	100 公克（即食品）
洋蔥	1/2 顆
蛋	1 顆

調味料————

調配醬汁	水 1/3 杯、 醬油 1 大匙、 甜菊糖 1 小撮、 胡椒粉 1 小撮
橄欖油	1 大匙

 營養師這樣說

- 甜菊糖是天然甜味劑，少量使用便能提出甜味。家中沒有甜菊糖也無妨，亦可用 0.3 大匙的寡糖。

- 打蛋時可以保留蛋黃的形狀，也可依喜好將蛋黃戳破或煮至全熟。

- 這道料理的膳食纖維略不足，建議可再搭配蔬菜沙拉享用。

1. 將雞胸肉和洋蔥切成長條狀。

2. 起油鍋，接著依序拌炒洋蔥和雞胸肉。

3. 放入調配醬汁，煮滾後轉小火。

4. 放入蛋，煮至半熟後，直接蓋在盛好雞糧飯的碗中即可。

料理時間
20
分鐘

減肥也能吃泡菜！

泡菜捲包飯

雖然在家能盡情享用泡菜，但是身為走到哪、便當帶到哪的減肥族，礙於泡菜的氣味實在無法任意享用。

這道泡菜捲包飯用來帶便當不但不會飄出泡菜味，吃起來也很清爽。它的分量實在，即使不使用其他調味料，單用泡菜調味也能煮出一道美味的減肥餐。既可以充分攝取到泡菜的膳食纖維和乳酸菌，又能吃到混有豆腐和雞胸肉的米飯，是一道吃得飽的減肥料理。

材料

雜糧飯	100 公克
豆腐	100 公克
雞胸肉	40 公克（即食品）
泡菜	6 片

1. 切下泡菜，並保留白菜葉的部分，接著洗掉調味料，再擠出水分。

2. 豆腐去除水分後剁碎；雞胸肉剁成肉泥。

3. 將飯、豆腐、雞胸肉混在一起，再分成六等分，並捏成飯糰的形狀。

 營養師這樣說

· 比起剛醃的泡菜，使用醃好的泡菜或陳年泡菜，風味更佳。

· 用泡菜葉片較寬的部位包飯會比較好捲，吃起來也比較不會過鹹。

4. 將捏好的飯糰放入泡菜內再捲起來，就完成了。

料理時間
25
分鐘

用地瓜取代白飯

地瓜咖哩燉菜

不吃飯,用地瓜代替碳水化合物,就是這道宛如異國料理的「地瓜咖哩燉菜」。即使不吃咖哩飯,仍有許多方式能享用到咖哩醬汁。雖然說是燉菜,但這道菜不用長時間燉煮,既簡單又美味!

大手筆地放入碳水化合物、蛋白質和蔬菜,是一道吃了會有好心情的特別餐點。在下雨的日子煮這道熱騰騰的料理,不但能轉換心情,更能吃到健康的減肥餐。

材料

主食材

地瓜	80 公克
豬肉	100 公克（里肌肉）
洋蔥	1 顆
小番茄	5 顆
青花菜	50 公克

調味料

咖哩塊	25 公克
水	1 又 1/2 杯
蒜末	0.5 大匙
鹽	1 小撮
胡椒粉	少許
橄欖油	0.5 大匙

1. 將洋蔥切絲，地瓜、豬肉、小番茄和青花菜切成一口大小。

2. 將地瓜裝在耐熱容器內，用微波爐加熱 2 分鐘。

3. 起油鍋，將洋蔥炒至金黃色，再放入豬肉、蒜末和鹽，將表面煮熟。

4. 鍋中放入水、地瓜、小番茄和咖哩塊，邊攪拌邊熬煮，約煮 10 分鐘。

5. 待收汁得差不多後，最後放入青花菜就完成了。

 **營養師這樣說**

- 如果加入 1/2 杯低脂牛奶，吃起來會更濃稠，也不會那麼鹹。

- 食材中的蔬菜，可替換成自家冰箱中的任何蔬菜，做出無窮變化。如果用熱騰騰的飯代替地瓜，就是一道含有豐富蔬菜的咖哩蓋飯。

別忍耐，想吃飯捲時就吃吧！

鮪魚紫菜飯捲

這是我還沒減肥時，最愛吃的鮪魚紫菜飯捲。減肥期間，我心想著能否再吃飯捲，於是便做出了這道料理。並不會因為是減肥餐就難以下嚥，當作一般料理品嘗也滋味十足，是一道全家人可共同享用的菜餚。這道飯捲吃起來既清淡又清爽，最適合沒胃口的季節了。而這道菜的菜名包含「紫菜飯捲」，非常適合用來帶便當。

材料

主食材————————

雜糧飯	130 公克
鮪魚罐頭	50 公克
飯捲專用海苔	1.5 張
高麗菜	60 公克
甜椒	1/2 個
芝麻葉	8 片

調味料————————

大豆美乃滋	1 大匙
鹽	少許
芝麻	少許

 營養師這樣說

- 可以用 1 大匙辣椒醬和青陽辣椒，來取代大豆美奶滋，做成辣椒鮪魚紫菜飯捲，變成大人口味的菜色。

- 將 2、3 塊酸黃瓜切碎後放入步驟 **3.** 的沙拉中，便可升級為更清爽的紫菜飯捲。

1. 摘掉芝麻葉的葉柄，接著將高麗菜和甜椒切絲。

2. 鮪魚淋上熱水以去除油脂。瀝乾水分後，再放入鹽和芝麻調味。

3. 將切絲的高麗菜放入鮪魚中，再加入大豆美乃滋拌勻，做成沙拉。

4. 鋪好 1.5 張海苔後放上雜糧飯，接著依序擺上芝麻葉、沙拉和甜椒，捲起來就完成了。

紅紫相間的清爽螺旋義大利麵

茄子番茄螺旋麵

我本來不愛茄子，但是在設計減肥菜單時，才明白其滋味。其實茄子是很棒的減肥食材，富含膳食纖維，有益腸道蠕動；亦含鉀，有利尿作用，能有效消除水腫。此外，番茄中含有茄紅素及茄黃酮苷，兩者是天作之合，多用於抗癌食譜中。不妨來碗充滿茄子和番茄的清爽螺旋麵，讓精神和心情都煥然一新吧！

材料

主食材————————

全麥螺旋麵	50 公克
雞胸肉	50 公克（即食品）
茄子	1 條
番茄	1 顆
洋蔥	1/4 顆

調味料————————

番茄醬	2 大匙
蒜末	0.5 大匙
鹽	2 小撮
胡椒粉	少許
橄欖油	0.5 大匙
巴西里粉	少許
磨碎的紅椒粉	少許

 營養師這樣說

- 可用飯代替螺旋麵，當作碳水化合物，做成蓋飯吃也很美味。

- 我是用超市賣的義大利麵專用番茄醬，剩下的醬料可以用來炒飯或做地瓜披薩。如果沒有醬料，也可以用無糖番茄醬，不過可能會少了些風味。

- 在麵上放一片起司片或 20 公克左右的披薩專用起司，吃起來會更美味！

1. 將雞胸肉、番茄和洋蔥切塊，茄子則切成圓片狀。

2. 滾水中放入 1 小撮鹽，接著放入螺旋麵煮 10 分鐘。

3. 起油鍋，接著放入蒜末、洋蔥和紅椒粉拌炒，炒出香味。

4. 鍋中放入雞胸肉、茄子和番茄，炒至食材變軟，再用番茄醬、鹽和胡椒粉調味。最後放入煮好的螺旋麵，再撒上巴西里粉就完成了。

料理時間
20
分鐘

用低脂牛奶製作美味白醬

燕麥奶油燉飯

充滿白醬的義大利麵或燉飯，是減肥期間萬萬吃不得的
一道菜色，但是我是誰呀，我可是連奶油燉飯也照吃不
誤！現在就來介紹這道用富含膳食纖維的燕麥，及少量
低脂牛奶做成的減肥餐，讓你吃得毫無罪惡感，且濃稠
的白醬風味會令你大為驚豔！

材料

主食材────

速食燕麥	4 大匙（40 公克）
雞胸肉火腿	40 公克
杏鮑菇	1/2 朵
洋蔥	1/6 顆
起司片	1/2 片

調味料────

水	100 毫升
低脂牛奶	100 毫升
鹽	1 小撮
胡椒粉	少許
橄欖油	0.5 大匙

1. 將洋蔥切成末，火腿和杏鮑菇切成薄片。

2. 起油鍋，接著依序放入洋蔥、火腿和杏鮑菇拌炒均勻。

3. 再放入速食燕麥、水和牛奶，接著用鹽和胡椒粉調味，再用中火慢慢熬煮至黏稠。

4. 最後放上起司片，待融化後拌勻，並依喜好撒上巴西里粉和紅椒粉就完成了。

 營養師這樣說

- 如果想吃義大利麵，可以用 50 公克的全麥螺旋麵或全麥義大利麵代替燕麥。

- 吃過白醬後，現在卻想吃番茄奶油醬？那還不簡單。別用鹽調味，改加入 2 大匙的番茄醬，就能做出新口味。

- 雞胸肉火腿和杏鮑菇，可以替換成其他火腿或菇類。

料理時間短且能補充體力

蟹肉棒燕麥粥

這是一道用微波爐就能完成的超簡單蟹肉棒燕麥粥。身體疲憊無力、健康狀況不佳時，我喜歡吃燕麥粥，享受蟹肉棒和蛋帶來的豐潤口感。因為使用速食燕麥，即使沒有經過浸泡，也能煮出粥的質地。只需 10 分鐘便能完成這道菜，飢腸轆轆時能火速煮來享用。膳食纖維含量豐富的燕麥能帶來飽足感，蟹肉棒和蛋則能補充蛋白質。

材料

主食材————————

蟹肉棒	4 條（70 公克）
速食燕麥	4 大匙（40 公克）
蛋	1 顆

調味料————————

鹽	少許
芝麻油	少許
芝麻	少許
水	1 又 1/2 杯

1. 依紋理撕開蟹肉棒後備用。

2. 將速食燕麥、水和蟹肉棒放入微波爐專用容器內，接著加熱 2 分鐘。

3. 放入 1 顆蛋至 2. 中，攪拌均勻後放入少許鹽調味，再用微波爐加熱 1 分 30 秒。

 營養師這樣說

- 除了蟹肉棒，也可將鮪魚罐頭放入熱水中沖洗後再使用，或是使用雞胸肉火腿也不錯，是一道可以多元應用的食譜。

- 吃粥時可搭配泡菜享用，真是美味極了！

4. 將粥盛入碗中，並依個人喜好加一兩滴芝麻油和撒上芝麻就完成了。

料理時間
20
分鐘

是一道吃起來無負擔的輕盈料理

豆腐炒蛋蓋飯

準備健美比賽的最後階段,我大幅減少飲食中的碳水化合物。由於飯量太少,因此當我再也撐不下去時便決定增加飯量,於是有了這道菜。一般人通常不會將豆腐炒蛋做成蓋飯來吃,可是蛋和米飯的組合相當美味,只要添加減肥族能吃的調味料,就是一道輕爽且 CP 值超高的蓋飯。

材料

主食材────

雜糧飯	80 公克
豆腐	1/2 塊（150 公克）
蛋	2 顆
甜椒	1/2 個
洋蔥	1/4 顆
貝比生菜	15 公克

調味料────

鹽	1 小撮
胡椒粉	少許
橄欖油	0.5 大匙
是拉差辣椒醬	少許

1. 豆腐去除水分後剁碎；洋蔥和甜椒切丁。

2. 蛋打散後用鹽和胡椒調味，接著和剁碎的豆腐拌在一起。

3. 起油鍋，炒熟洋蔥和紅椒後集中到一旁，並將 **2.** 也一併炒熟。

4. 將豆腐炒蛋和貝比生菜盛到飯上，再淋上是拉差辣椒醬就完成了。

 營養師這樣說

- 可依喜好搭配無糖番茄醬食用。如果要立即品嘗，淋上少許醬油和芝麻油配著吃也十分美味。若要帶便當，醬油必須另外盛裝，若直接淋在飯上，會導致飯變得濕濕爛爛的。

- 如果不想吃飯，也可調整碳水化合物的食用量，做成無碳水菜單。如果搭配麵包，就是一頓豐盛的早午餐。

口感清爽又開胃

鮪魚海藻拌飯

海藻類食材有益減肥，但要運用在飲食清單中卻沒那麼簡單。這道超簡易的「鮪魚海藻拌飯」，既可吃到美味的海藻，又能透過鮪魚罐頭補充蛋白質。色彩繽紛的海藻咬起來噗滋噗滋的，不但能消除壓力，也能為單調乏味的飲食帶來清爽口感。我也要推薦這道菜給因減肥而腸道蠕動不佳的人，一起相約明日的幸福早晨時光吧！

材料

主食材

雜糧飯	130 公克
醃製海藻	50 公克
鮪魚罐頭	40 公克

調味料

辣椒醬	1 大匙
蒜末	0.3 大匙
芝麻油	0.3 大匙
芝麻	少許

 營養師這樣說

• 可以用剁碎的雞胸肉代替鮪魚，當作蛋白質來源。

• 近來在任何大型超市都能輕鬆找到醃製海藻，販售的海藻通常是 4 人份的分量，盛出 1 人份後，剩下的裝在夾鏈袋或密封容器內冷藏保存，方便食用。如果泡在水中去除鹽分的海藻有剩，可冷凍保存，日後再吃即可。

• 如果有乾海藻，1 人份大約是 8 ～ 10 公克。假如泡太多有剩，放冷凍保存即可。

1. 用流動的水洗掉海藻的鹽分，接著泡水 10 分鐘以上，去除鹽分後再甩乾水分。

2. 鮪魚淋上熱水以去除油脂，接著瀝乾水分。

3. 將辣椒醬、蒜末、芝麻油和芝麻拌勻，做成拌飯醬。

4. 將飯盛入碗中，接著放上海藻、鮪魚和拌飯醬就完成了。

料理時間
20
分鐘

堆疊好滋味的義大利麵
豆包千層麵

千層麵屬於義大利麵的一種,是廣受喜愛的家常菜料理之一。這是一道將寬扁的麵團切成長方形,並在中間層層疊上內餡,最後送進烤箱烘烤的料理。放入滿滿的豆包和當季蔬菜,就能變成適合減肥的輕盈版菜色。邊切菜邊準備豐盛的一餐,心情也變得海闊天空,是用來帶便當時會令人開心的一道菜。

材料

主食材————
生豆包	6 張
牛絞肉	80 公克
洋蔥	1/4 顆
茄子	1/2 條
櫛瓜	1/4 條
番茄	1 顆
披薩專用起司	2 大匙

調味料————
番茄醬	2 大匙
蒜末	0.3 大匙
鹽	1 小撮
胡椒粉	少許
巴西里粉	少許
橄欖油	0.5 大匙

 營養師這樣說

· 如果沒有烤箱或氣炸鍋，可用微波爐加熱 1 分鐘，讓起司融化即可。

· 如果想增加碳水化合物，可將墨西哥捲餅分成四等分，用來代替豆包。

1. 將洋蔥、茄子、櫛瓜和番茄切碎。

2. 熱鍋中放入 0.3 大匙橄欖油，接著拌炒牛絞肉，再用蒜末、鹽和胡椒粉調味。

3. 將洋蔥、茄子、櫛瓜、番茄、番茄醬和巴西里粉放入炒熟的牛肉中，做成內餡。

4. 在烤箱容器內抹上少許橄欖油，接著在豆包上面反覆鋪上內餡醬料，一層一層疊好後，最上面撒上披薩專用起司，再用氣炸鍋以 180 度氣炸 5 分鐘就完成了。

趁熱喝或冰涼喝都順口

栗子南瓜濃湯

購買整箱栗子南瓜後，若只用烤或蒸來吃，難免會吃膩，這時可改喝這道能快速煮好的「栗子南瓜濃湯」。不論是趁熱喝，或是事先煮好放進冰箱，待冰涼後再喝都沒問題。我會事先煮好冷凍起來，上班時當早餐吃。因為加了牛奶和起司，所以吃得到濃郁的口感，是一道溫和順口的減肥濃湯。

材料

主食材————

栗子南瓜	1/2 顆（130 公克）
低脂牛奶	200 毫升
起司片	1/2 片

調味料————

| 鹽 | 1 小撮 |
| 胡椒粉 | 少許 |

 營養師這樣說

- 可以用一般的甜南瓜代替栗子南瓜。甜南瓜更大顆，分量也較多，因此可先量好重量後分成 2 到 3 人份，並提高其他食材的用量，一起煮成南瓜湯，或是算好分量後先切再煮。亦可以事先蒸好南瓜，再分裝成每份 100 到 130 公克的分量，先冷凍以便日後再使用。

- 如果喜歡肉桂的香味，可在濃湯內撒上肉桂粉，滋味會更豐富。

- 可使用無添加的豆漿或燕麥奶代替牛奶，吃起來更健康。

1. 將栗子南瓜洗淨後，用微波爐加熱 6 分鐘至熟透。

2. 將熟透的栗子南瓜剖半，去籽後挖出果肉。

3. 將栗子南瓜和牛奶放入鍋中，邊用中火慢慢熬煮，邊壓碎結塊的地方。

4. 待熬出濃湯要的濃度後，放入起司片至融化，再用鹽和胡椒粉調味就完成了。

光看就滿足，吃了會更飽

麻婆豆腐蓋飯

減肥時，我喜歡用眼睛看也吃得飽的食物，而這道添加大塊豆腐的減肥版「麻婆豆腐蓋飯」正好符合這項條件。食用後不但有飽足感，味道更是一絕，是我經常煮來吃的菜色。食譜有別於傳統作法卻令人驚豔，不但非常簡單，又能還原麻婆豆腐的味道。透過豆腐和雞胸肉來攝取蛋白質，同時也能吃到豐富的蔬菜，煮好後趁熱吃或用來當作便當菜色亦可，是一道理想的減肥餐！

材料

主食材————

雜糧飯	80 公克
豆腐	100 公克
雞胸肉	50 公克（即食品）
青椒	1/4 個
洋蔥	1/6 顆

調味料————

豆瓣醬	1.5 大匙
胡椒粉	少許
橄欖油	0.3 大匙
蒜末	0.3 大匙
水	1/3 杯

1. 豆腐切成大塊；雞胸肉、青椒和洋蔥切丁。

2. 起油鍋，接著放入蒜末，待香味出來後，放入洋蔥、雞胸肉和青椒拌炒，再放入豆瓣醬和胡椒粉調味。

3. 放入豆腐和水再炒一次後，即完成麻婆豆腐醬。

4. 將飯盛入碗中，淋上醬汁就完成了。

 營養師這樣說

- 豆瓣醬跟熱炒料理十分對味，適合用來當作減肥餐的醬料，所以我建議買一罐囤起來。如果沒有豆瓣醬，辣椒醬和韓式大醬以1：1的比例調成醬料，代替豆瓣醬來煮亦可。

很累時就用炒飯為身體充電吧！

燻鴨泡菜炒飯

身為減肥上班族，炒飯是帶便當時最常見的菜色，燻鴨泡菜炒飯則是在有氣無力時，能使精神為之一振的一道菜，有助補充元氣。泡菜和燻鴨本身的鹹味便能提味，如果再搭配半熟蛋，就完成一道不遜色於一般菜色的減肥餐，更是適合帶便當的美味餐點。

材料

主食材
雜糧飯	100 公克
燻鴨	50 公克
泡菜	50 公克
蛋	1 顆
蔥	少許

調味料
橄欖油	0.5 大匙
紫蘇油	0.3 大匙

1. 將燻鴨、泡菜和蔥切碎備用。

2. 起油鍋後煎蛋備用。

3. 在熱鍋中將鴨肉煮到熟透，接著放入蔥和泡菜拌炒，再放入雜糧飯一起炒，最後加入紫蘇油收尾。

 營養師這樣說

- 可依喜好省略紫蘇油，或用芝麻油代替。

- 如果燻鴨的皮上有太多油脂，建議去除後再使用。

4. 將飯盛入碗中，放上荷包蛋就完成了。

料理時間
20
分鐘

海洋礦物質及蛋白質的邂逅

豆腐鹿尾菜豆皮壽司

這是我減肥時經常吃的豆皮壽司，味道和營養會隨著豆皮內添加的食材而呈現出千變萬化的風味，是一道相當可口的菜色。豆皮內不論放什麼都好吃，可是為了方便享用，我試著放入接受度偏低但對減肥和健康有益的鹿尾菜。富含海洋礦物質的鹿尾菜搭配充滿蛋白質的豆腐，形成夢幻組合。這道豆皮壽司不僅風味極佳，營養更是滿點！

材料

主食材────────

雜糧飯	100 公克
豆腐	80 公克
鹿尾菜	40 公克
豆皮	8 片

調味料────────

豆皮壽司醬料	1/3 包
蔬菜包	1/2 包

（可直接購買市售豆皮
壽司材料包）

 營養師這樣說

· 我使用的是市售醬料和蔬
菜包，如果要自製調和醋
使用，可以將 1 大匙白
醋、0.3 大匙甜菊糖和 1
小撮鹽均勻混合，接著用
微波爐加熱約 30 秒，放
涼後再使用。

· 如果覺得豆皮壽司醬料不
好做，也可以放入 1 小撮
鹽、1 小撮芝麻和少許芝
麻油，也能香氣十足又美
味！

· 如果鹿尾菜有剩，用鹽醃
漬後保存可以放得比較
久。如果去除鹽分的鹿尾
菜有剩，冷凍保存就能再
利用。

· 用鹿尾菜做成海藻拌飯，
也很美味。（請參考本書
P. 88 的鮪魚海藻拌飯）

1. 用流動的水洗掉鹿尾菜的鹽分，接著用溫
水浸泡 10 分鐘，去除鹽分後瀝乾水分。

2. 用廚房紙巾將豆腐包起來，去除水分後再
剁碎。

3. 均勻混合雜糧飯、豆腐、鹿尾菜、豆皮壽
司醬料和蔬菜包。

4. 將調味好的飯填入豆皮中就完成了。

料理時間
20
分鐘

健康又豐盛的東南亞風味菜色

鳳梨炒飯

如果吃膩減肥版的炒飯,不妨改吃東南亞風味的「鳳梨炒飯」,來轉換心情和口味!鳳梨富含膳食纖維,能預防便祕,並含有鳳梨酵素,是一種蛋白質分解酵素,不但扮演著天然消化劑的角色,同時也有助於強化減重期可能降低的免疫力。這道鳳梨炒飯既能打破「在炒飯中放水果很奇怪」的偏見,也能讓小朋友愛不釋「口」!

材料

主食材

雜糧飯	80 公克
蝦子	80 公克
鳳梨	80 公克
蛋	1 顆
腰果	1 大匙
甜椒	1/4 個
青椒	1/4 個
洋蔥	1/6 顆

調味料

魚露	0.3 大匙
鹽	1 小撮
胡椒粉	少許
橄欖油	0.5 大匙

 營養師這樣說

- 千萬不能使用鳳梨罐頭，因為罐頭是用糖醃製的，所以不能用浸泡在糖水中的鳳梨。鳳梨的各種效用只有在非加工的情況下才會發揮。

- 添加魚露更能突顯東南亞食物的風味。如果不喜歡魚露，可以用 1 大匙蠔油調味，以代替魚露和鹽。

- 可以省略腰果，用花生代替，這樣吃也很美味。

1. 將鳳梨、甜椒、青椒和洋蔥切丁。

2. 起油鍋，接著放入蝦子、鳳梨、洋蔥、青椒和甜椒拌炒。

3. 待蔬菜和蝦子熟得差不多時，先集中到鍋子的一邊，接著炒蛋。

4. 鍋中再放入飯、魚露和胡椒粉，並用鹽調味，炒好後放入腰果就完成了。

料理時間
15
分鐘

減肥也能養出吹彈可破的好肌膚

海螺蔬菜拌飯

海螺是高蛋白、低脂肪食材，屬於對減肥有益的蛋白質供應來源之一。準備生海螺比較麻煩，因此不如一切從簡，用海螺罐頭為飲食帶來變化。各種蔬菜配上酸辣的拌飯醬，便完成這道豐盛又新鮮的拌飯。透過這道拌飯來撫慰減肥時的憂鬱心情，還能讓肌膚變得吹彈可破。

材料

主食材

雜糧飯	100 公克
海螺罐頭	70 公克
萵苣	5 片
芝麻葉	5 片
小黃瓜	1/4 根
紅蘿蔔	1/6 根
洋蔥	1/6 顆
貝比生菜	10 公克

調味料

辣椒醬	1 大匙
白醋	0.5 大匙
辣椒粉	0.5 大匙
蒜末	0.3 大匙
芝麻油	少許

 營養師這樣說

- 海螺已經有調味，因此調味醬不要一次全放，可先放一半，拌勻後再依味道來添加。

- 可用冰箱裡的其他食料來代替食譜中的蔬菜，尤其推薦小黃瓜，能補足海螺缺乏的維生素 C 和膳食纖維。

1. 將洗淨的萵苣、芝麻葉、小黃瓜、紅蘿蔔和洋蔥切絲備用；貝比生菜洗淨後備用。

2. 用熱水沖洗海螺後放涼，接著分成 2 至 3 等分。

3. 將所有調味料混合後，做成拌飯醬。

4. 將飯盛入碗中，接著放入所有蔬菜和海螺，再配上拌飯醬就完成了。

大口喝下加入各式蔬菜的溫暖濃湯吧！

咖哩濃湯

品嘗順口又美味的咖哩，就像喝濃湯一樣令人滿足。有別於一般的濃稠咖哩，這道湯汁偏稀的咖哩濃湯味道清淡又不刺激。在湯內盡情放入喜歡的肉類和蔬菜，來擁抱因減肥而感到疲憊的心靈吧！

材料

主食材—————————

雞里肌肉	100 公克
（或豬里肌肉）	
南瓜	60 公克
洋蔥	1/2 顆
甜椒	1/2 個
冷凍綜合蔬菜	30 公克
小番茄	5 顆

調味料—————————

咖哩塊	25 公克
無糖番茄醬	2 大匙
高湯	2 杯
鹽	少許
胡椒粉	少許
橄欖油	3 大匙

 營養師這樣說

- 食譜中的食材可使用自己喜歡的蔬菜，便能品嘗到多樣的滋味。

- 如果家裡有青花菜、豌豆、紅蘿蔔和青椒等蔬菜，即使沒有使用冷凍綜合蔬菜也無妨。

- 可依喜好調整番茄醬的用量，調出自己想要的酸味。

1. 番茄洗淨後去掉蒂頭；洋蔥切絲；南瓜和甜椒切成方便入口的大小。

2. 鍋中加入 5 杯水，將里肌肉和南瓜放入後煮 20 分鐘，熬成高湯，接著撈出里肌肉和南瓜後備用。

3. 起油鍋，放入 1 大匙橄欖油，接著拌炒洋蔥，待炒出咖啡色後，放入高湯、咖哩塊、番茄醬、鹽和胡椒粉，熬煮成濃湯備用。

4. 在鍋中放入 2 大匙橄欖油，接著放入里肌肉、南瓜、小番茄、甜椒和冷凍蔬菜後煮熟，再和濃湯一起盛盤。

無負擔且有飽足感的清爽營養餐

豆漿冷麵

豆漿冷麵是適合夏季的營養餐,只花 10 分鐘料理就能享用,是相當簡單的食譜,不但味道香醇,吃了也有飽足感。我因為喜愛豆漿冷麵,即使冬天也會吃。雖然最好是自己熬煮黃豆再製成豆漿高湯,但為了減肥已經累壞,這麼做實在太吃力不討好了。因此,我使用豆腐和豆漿,再將蒟蒻麵泡在豆漿高湯內,以代替細麵,就能享受到吃起來有分量,身體卻無負擔的一餐。

材料

主食材————

蒟蒻麵	100 公克
豆腐	1/2 盒（150 公克）
無添加豆漿	190 毫升
蛋	1 顆
番茄	1/4 顆
小黃瓜	1/4 條

調味料————

鹽	1 小撮
芝麻	1 大匙

1. 將蛋放入冷水中煮 10 分鐘，接著剝掉蛋殼再對半切開。

2. 將小黃瓜切絲，番茄也切成相同大小。

3. 用冷水沖洗蒟蒻麵，瀝乾水分後放入碗中備用。

 營養師這樣說

· 如果沒有豆漿，改用低脂牛奶也很美味。

· 雖然食譜中的照片只放了半顆蛋，但是改吃一整顆也無妨。

4. 鍋中放入豆腐、豆漿、芝麻和鹽，做成豆漿高湯，接著倒入裝有蒟蒻麵的碗中，再放上配料就完成了。

料理時間
10
分鐘

當燕麥遇上大醬的新滋味

燕麥嫩豆腐大醬粥

如果吃不慣燕麥粥，那麼可以先用韓式口味來滿足味蕾。韓式大醬和燕麥看似完全不對味，可是白飯卻意外適合拌入大醬湯裡享用，是一道暖心的餐點。用可微波的容器直接煮，再蓋上蓋子就能帶出門，是最方便的菜色。或是先煮好冷凍起來，之後再加熱吃也行，是理想的備餐食譜。

材料

主食材──────

速食燕麥	4 大匙（40 公克）
嫩豆腐	100 公克
金針菇	1/4 包
櫛瓜	1/4 根
蝦米	5 公克

調味料──────

韓式味噌大醬	1 大匙
溫水	1 又 1/2 杯

 營養師這樣說

- 用韓式傳統大醬代替一般味噌大醬的情況下，建議將用量減為 1/2，再用鹽做最後的調味。這是因為一般的味噌大醬含鹽量較高，為了釋出淡淡的大醬香氣，用量會比味噌大醬來得少。

- 為了快速提味，我添加了蝦米，但是不加也依然美味。如果是減肥族，可以再放入雞胸肉 50 公克，也很對味。

1. 切掉金針菇的底部後再切細；櫛瓜切成薄片後再切成 4 等分。

2. 在可微波的容器內，將水和大醬攪拌均勻。

3. 將速食燕麥、嫩豆腐、蝦米、金針菇和櫛瓜放入容器中，接著用微波爐加熱 3 分鐘。

4. 依喜好加入青陽辣椒或青蔥就完成了。

料理時間
20
分鐘

麵食愛好者也能大口吃的減肥料理

蠔油炒豆腐麵

對麵食愛好者來說，減肥期間格外辛苦，即使是全麥製作的麵條，每天吃也會感到有些負擔。這時可以利用擠壓豆腐後所製成的豆腐麵，挑戰更多變的麵食料理。若用蠔油炒，即使沒加其他調味料，也能充分釋出鮮味和甜味，達到解膩的效果。豆腐麵不僅口感佳，能增添咀嚼的樂趣，同時也是富含蛋白質的隱藏版減肥食材。

材料

主食材————

主食材	
豆腐麵	80 公克
豬里肌肉	100 公克
高麗菜	50 公克
洋蔥	1/4 顆
青椒	1/5 個
甜椒	1/5 個

調味料	
蒜末	0.3 大匙
蠔油	1.5 大匙
鹽	1 小撮
胡椒粉	少許
橄欖油	0.5 大匙

營養師這樣說

- 請務必使用蠔油調味。

- 不論是使用豬肉、雞肉、鴨肉、魷魚或蝦子等食材，都能攝取到豐富蛋白質，我個人則是最喜歡豬里肌肉炒好後的滋味。

- 如果想吃微辣的口味，可以放入切細的青陽辣椒，再放入辣椒粉，增添辣味。

- 如果家裡有柴魚片，可以在麵上方添加一些，會有類似蕎麥麵的味道和感受，讓這道菜的口感變得更豐富。

1. 將豬肉、高麗菜、洋蔥、青椒和甜椒切絲。

2. 起油鍋，接著放入蒜末爆香，再放入豬肉、鹽和胡椒粉煮熟。

3. 將高麗菜、洋蔥、青椒和甜椒放入 2. 中，接著用蠔油拌炒和調味。

4. 將豆腐麵放入 3. 中，拌炒均勻就完成了。

料理時間
20
分鐘

一口吃下營養及美味
旋風紫菜飯捲

用簡單食材製作而成的旋風紫菜飯捲,既爽口又清淡,
是我 IG 上備受矚目的菜色之一。因為使用雞胸肉火腿
和蛋,是一道充滿蛋白質的萬能紫菜飯捲,再加上搭配
芝麻葉,更是香氣四溢,又能同時攝取維生素、鐵質和
膳食纖維。芝麻葉是我相當喜愛的食材,因此我常會使
用,可說是這道飯捲中不可缺少的食材。

材料

主食材

飯捲專用海苔	1 張
雜糧飯	130 公克
雞胸肉火腿切片	40 公克
蛋	2 顆
芝麻葉	10 片

調味料

橄欖油	1 大匙
鹽	少許

 營養師這樣說

- 蛋和雞胸肉火腿已調味過,所以飯不用另外再調味。

- 捲內餡時要捲得夠紮實,最後切開時內餡才不會散開。

- 可以用瀝乾水分的萵苣代替芝麻葉。

1. 摘掉芝麻葉的葉柄。

2. 蛋打散後用鹽調味,再起油鍋,將蛋液煎成蛋皮。

3. 在蛋皮上方鋪上芝麻葉,接著放上火腿,像捲紫菜飯捲一樣捲起來,做成內餡。

4. 將飯薄薄地鋪在整片海苔上,並在上方擺上剛才捲好的內餡,全部捲起後再切成方便入口的大小就完成了。

加點堅果就能平衡醬料的鹹味

高麗菜捲包飯＆炒辣椒醬

不用分次將高麗菜葉包飯來吃，而是一次捲成飯捲的形狀再切開，就完成這道包飯餐。放了滿滿的雞胸肉，再配上低鹽分的炒辣椒醬，讓平凡無奇的高麗菜包飯，搖身一變成為特別的減肥便當。當營養師時，為了不要吃太鹹，我會在包飯醬或辣椒醬內放豆腐或堅果，以降低鹽分。善用這項訣竅後，彷彿也為單調無趣的菜色帶來一道曙光。這道菜能吃到有益胃部健康和防癌的高麗菜，是一道極佳的餐點。

材料

主食材

高麗菜	200 公克
雜糧飯	100 公克
雞胸肉	50 公克（即食品）
豆腐	50 公克

調味料

辣椒醬	1 大匙
蒜末	0.5 大匙
芝麻	少許

 營養師這樣說

- 捨棄高麗菜莖比較粗大的部分，或是稍微壓一下，讓厚度變得扁平些，捲的時候會比較好捲，外形也比較美觀。

- 可用豬肉或牛肉代替雞肉，也可以不使用肉類，將豆腐增加至兩倍的分量，吃起來也很清爽。

- 調配豆腐辣椒醬時，加入 1 大匙搗碎的堅果，就能做出更香、更有口感的全新醬料。

- 在辣椒醬中加幾滴芝麻油或紫蘇油，會更美味。

1. 將高麗菜放入碗中，再放入少許的水，接著用微波爐加熱約 7 分鐘後備用。

2. 將雞胸肉切丁；豆腐瀝乾水分後剁碎備用。

3. 像鋪海苔一樣，將加熱好的高麗菜鋪在竹簾上，再將飯以長條狀擺在高麗菜上，捲起來再切成方便入口的大小。

4. 將雞胸肉、豆腐、辣椒醬、蒜末和芝麻放入平底鍋中拌勻，接著用小火稍微翻炒一下，再搭配包飯享用即可。

熱騰騰又味道濃郁

白醬義大利麵

有時候會特別想吃有熱湯或濃郁奶油味的餐點,而這道料理就是當我苦惱時所完成的菜色。每次說要減肥時,反而更容易想吃各式食物,不妨把家中現有食材都各加一些在麵中,就能吃得更豐盛、幸福!如果再放一些青陽辣椒,更有助於解酒。

材料

主食材————————

全麥螺旋麵	40 公克
冷凍綜合蔬菜	50 公克
蝦子	5 隻
雞胸肉	50 公克（即食品）
水煮鷹嘴豆	30 公克
洋蔥	1/4 顆

調味料————————

無添加豆漿	190 毫升
起司片	1 片
蒜末	0.3 大匙
橄欖油	1 大匙
鹽	1 小撮
胡椒粉	少許

 **營養師這樣說**

· 可用低脂或脫脂牛奶代替
  豆漿。

· 可依冰箱中的現有食材，
  或是個人喜好，來變換添
  加至麵中的材料。

1. 將洋蔥和雞胸肉切丁；冷凍蔬菜解凍後切
   成方便入口的大小。

2. 滾水中放入 1 小撮鹽，接著放入螺旋麵煮
   10 分鐘後備用。

3. 起油鍋，接著放入蒜末、洋蔥、雞胸肉、
   冷凍蔬菜和蝦子拌炒，再放入豆漿至煮滾。

4. 待煮滾後，放入起司至融化，接著用鹽和
   胡椒粉調味，再放入煮好的螺旋麵和鷹嘴
   豆就完成了。

料理時間
20
分鐘

寒冷冬天時，來份溫暖的火鍋吧！

鮮蔬綜合鍋

如果一年四季都在減肥，當冷颼颼的風開始吹起時，便會對冰冷的沙拉或便當感到厭倦，通常這個時候我就會煮熱呼呼的火鍋來吃。從各種蔬菜和豬肉中釋出的味道，和味噌大醬淡淡的清香味，就算沒有放其他調味料也能有好滋味，是能吃出健康的好食譜。豆腐麵吸附了湯頭的精華，比一般的麵條來得更好吃。

材料

主食材

豬肉	100 公克（前腿肉）
豆腐麵	100 公克
菠菜	20 公克
蠔菇	50 公克
高麗菜	40 公克
洋蔥	1/6 顆
紅蘿蔔	少許
青陽辣椒	1/2 根

調味料

鹽	少許
胡椒粉	少許
蒜末	0.3 大匙
味噌大醬	1 大匙
水	2 又 1/2 杯

 營養師這樣說

· 這是適合用來清冰箱的火
鍋，不管家中有哪些蔬菜，
只要放進砂鍋內即可。

· 雖然火鍋中只有放肉類和豆
腐麵當作蛋白質，但若為了
均衡營養想添加碳水化合
物時，可以減少約 50 公克
的肉類用量，改搭配 80 至
100 公克的雜糧飯享用。

1. 豬肉去除油脂的部分後，用鹽、胡椒粉和
蒜末調味。

2. 將菠菜、蠔菇、高麗菜、洋蔥、紅蘿蔔和
青陽辣椒洗淨後，切好備用。

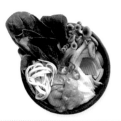

3. 先將較硬的蔬菜放入砂鍋中，接著放入較
軟的蔬菜，最後再放入調味好的豬肉和豆
腐麵。

4. 在溫水中將味噌大醬化開，接著倒入砂鍋
中，煮到豬肉熟透為止。若不夠鹹，最後
再用鹽調味。

料理時間
20
分鐘

最適合減醣族的天然好食材

天貝金針菇蓋飯

跟韓國的清麴醬一樣，天貝是黃豆發酵後製作而成的印尼國民食品，近來多用作素食食材，深受人們的青睞。它屬於高蛋白食品，同時也是適合用在糖尿病及減肥飲食中的熱門單品。跟清麴醬及納豆相比，天貝沒有濃濃的發酵味，也不會黏黏的，一般人的接受度較高。由於是冷凍產品，因此保存或料理都相當方便。

天貝不僅吃了有飽足感、營養價值高，還含有豐富的膳食纖維，同時也具有排毒、抗癌、改善肌膚、調節女性荷爾蒙等多重功效。

材料

主食材

雜糧飯	100 公克
天貝	100 公克
金針菇	1 包
洋蔥	1/2 顆

調味料

橄欖油	3 大匙
蠔油	1 大匙
蒜末	0.3 大匙
胡椒粉	少許

 營養師這樣說

- 可以用油稍微煎一下天貝,並用廚房紙巾吸除油脂,接著撒上一些細鹽,當作點心享用也不錯。

- 天貝可以切丁、切成長條狀或搗碎,變成各式形狀後再料理。

1. 用流動的水沖洗天貝的表面,再切成方便入口的大小。

2. 洋蔥切絲;金針菇切掉底部後再撕開來。

3. 熱鍋中放入 2 大匙橄欖油,接著將天貝的正反面煎熟至金黃色,再放到飯上。

4. 熱鍋中放入 1 大匙橄欖油,接著拌炒蒜末和洋蔥,待洋蔥變成半透明後,再放入金針菇、蠔油和胡椒粉調味,最後和天貝蓋飯一起盛盤。

Chapter 2

麵包是令人喜愛的食物，但礙於減肥得忍住不吃。

不過，我才不忍，照吃不誤。

身為麵包狂人，我的選擇是三明治！

三明治是能同時攝取蔬菜和蛋白質的菜色，且攜帶方便，

對於經常要東奔西走的我來說，是再好不過的選擇了！

為麵包狂熱者設計的
豐盛三明治

覺得吃肉太負擔時，就改吃蛋吧！

歐姆蛋三明治

如果覺得吃肉稍嫌負擔，那就用隨手可得的蛋當作食材，好好飽餐一頓吧！蛋富含各式營養素，如維生素B，能預防減肥時伴隨而來的掉髮問題；維生素D能強健骨骼；葉黃素有益視力健康，為減肥帶來正面助益。透過黑麥吐司攝取碳水化合物、蛋攝取蛋白質，並用蔬菜來補充纖維素，是一道同時滿足視覺、味覺和心靈的餐點。

料理時間
25
分鐘

材料

主食材

黑麥吐司	2 片
蛋	3 顆
低脂牛奶	3 大匙
萵苣	5 片
番茄	1/4 顆
洋蔥	1/4 顆

調味料

鹽	少許
胡椒粉	少許
橄欖油	少許
大豆美乃滋	1 大匙
山葵	0.3 大匙
黃芥末醬	1 大匙

🍎 營養師這樣說

- 火候大小是煎歐姆蛋時,最容易失敗的關鍵。首先,用大火熱鍋,接著務必轉成小火後再倒入蛋液,待蛋液邊緣開始變熟時,用筷子繞圓攪拌。煎熟後,塑形成跟吐司一樣的形狀就可以了。

- 可能會煎不出有厚度的歐姆蛋,而是越煎越大片,這時可將歐姆蛋切成合乎吐司的大小,然後堆疊多層。吃得到歐姆蛋的厚度,味道才會美味。

- 醬料我會推薦黃芥末醬和山葵美乃滋,不過,若使用黃芥末醬搭配是拉差辣椒醬,吃起來稍有辣度也不錯。

1. 萵苣瀝乾水分;番茄切成薄片;洋蔥剁碎。

2. 將牛奶、剁碎的洋蔥、鹽和胡椒粉拌入蛋液中。

3. 起油鍋,接著放入蛋液,像煎歐姆蛋一樣將蛋液煎熟,並煎成合乎吐司的大小。

4. 將大豆美乃滋和山葵拌勻,做成山葵美乃滋後,再依照吐司→黃芥末醬→歐姆蛋→番茄→萵苣→山葵美乃滋→吐司的順序,堆疊起來就完成。

不吃飯，改以玉米薄餅當主食

牛肉玉米薄餅

用一張玉米薄餅就能代替碳水化合物，並能攝取到滿滿
的肉和蔬菜。雖然玉米薄餅內不論放什麼食材都很美
味，但是如果搭配咖哩優格醬，味道會更好。這是一道
做菜節目中常出現的料理，也是兼顧營養和味道的絕佳
食譜。

材料

主食材

玉米薄餅	1 張
牛肉	100 公克
（韓式烤肉用腰脊肉）	
萵苣	8 片
洋蔥	1/4 顆
番茄	1/4 顆
甜椒	1/4 個

調味料

原味優格	2 大匙
咖哩粉	2 大匙
香草鹽	2 小撮
胡椒粉	少許

 營養師這樣說

- 可先品嘗咖哩優格醬的味道後，再依喜好酌量使用。即使不用咖哩優格醬，亦可善加利用各式醬料，如黃芥末醬或是拉差辣椒醬。

- 除了牛肉，使用雞肉、豬肉也很對味。

1. 萵苣洗淨備用；洋蔥、番茄和甜椒切絲。

2. 牛肉用香草鹽和胡椒粉調味後，放入熱鍋中乾煎。

3. 將優格和咖哩粉拌勻，做成調味醬。

4. 鋪上無毒保鮮膜，接著將調味醬塗在玉米薄餅上，再放上萵苣、牛肉和剩下的蔬菜，捲起來後用保鮮膜固定就完成了。

在三明治中加入莫札瑞拉起司吧！

義式卡布里三明治

當吃膩清淡的減肥餐時，不妨來點莫札瑞拉起司，享受
奢侈的一餐吧！比起毫無油脂的減肥餐，在飲食中添加
少許脂肪，不僅能吃得更健康，也不容易復胖，這才是
正確的減肥方式。如果覺得吃下整塊莫札瑞拉起司過於
負擔，可將分量減半，放入更多蔬菜即可。將義式卡布
里沙拉放入三明治中，即完成這道營養均衡的「義式卡
布里三明治」。

材料

主食材

黑麥吐司	2 片
莫札瑞拉起司	1 塊
（125 公克）	
番茄	1 顆
萵苣	6 片

調味料

巴薩米克醋	少許
橄欖油	少許

1. 萵苣洗淨後瀝乾水分；番茄切成厚片。

2. 直接使用整塊莫札瑞拉起司，或是對切後備用。

3. 在吐司內側抹上巴薩米克醋和橄欖油。

4. 依照吐司→ 3 片萵苣→莫札瑞拉起司→番茄→ 3 片萵苣→吐司的順序堆疊，三明治就完成了。

 營養師這樣說

· 如果不想吃太多起司，可改放半塊，並加入更多萵苣。

在吐司中加入有益瘦身的麥苗粉吧！

麥苗法式吐司

感到鬱悶時，如果來份擺盤別緻的早午餐，心情就會好轉吧？這是一道減肥族也能享用的高級早午餐菜色。使用對減肥有益的麥苗粉，不僅保留翠綠的美麗色澤，也能藉由淡淡的麥苗香氣達到芳香療法的效果，是一道賣相極佳的法式吐司。蛋中的蛋白質加上屬於碳水化合物的黑麥吐司，再配上水果，一餐的營養就足夠了。

材料

主食材

黑麥吐司	2 片
蛋	2 顆
低脂牛奶	4 大匙
麥苗粉	1 大匙

調味料

橄欖油	1 大匙
鹽	1 小撮

 營養師這樣說

- 如果沒有麥苗粉,也可以用抹茶粉代替。

- 椰棗被譽為中東的寶石,一顆果實的卡路里約為 23 大卡,不僅卡路里低,且屬於天然糖分,製成糖漿使用後,帶有淡淡的卻不失高級感的自然好味道。除此之外,亦富含多酚及膳食纖維,是有益大腦健康和預防便祕的食品。

1. 將牛奶和麥苗粉混合均勻。

2. 蛋放入 **1.** 中拌勻。

3. 吐司對切後,放入 **2.** 中,讓蛋液充分滲進吐司。

4. 起油鍋,接著將吐司正反面均勻煎熟。

5. 可以搭配水果,或是加些椰棗糖漿享用。

料理時間 **20** 分鐘

大口吃也不怕的大分量三明治

地瓜黑麥三明治

有時食慾會格外旺盛,很想吃東西時,別一味忍耐,就用這道健康三明治來平息這份渴望吧!就算只有吃一半,分量也相當於平時吃的一個三明治。不妨跟一起減肥的好夥伴分食這道用料實在、健康的厚切三明治吧!此外,可任意放入想吃的蔬菜,無須受限於食譜中的內餡食材。

材料

主食材

黑麥吐司	2 片
蒸好的地瓜	80 公克
雞胸肉	100 公克（即食品）
蛋	1 顆
美式生菜	4 片
甜椒	1/4 個
番茄	1/4 顆
起司片	1 片

調味料

黃芥末醬	少許
是拉差辣椒醬	少許
花生醬	少許
原味優格	1 大匙
橄欖油	0.5 大匙

 營養師這樣說

- 減肥時也能吃花生醬嗎？由於不是每天大量攝取，而是一星期中某幾餐少量（1 到 2 大匙）攝取，這樣反而能為減肥帶來正面影響。花生醬含不飽和脂肪酸，具有穩定血糖和胰島素的效果。之外，花生亦富含纖維質，少量添加在菜色中，能增加飽足感和滿足感，是帶來活力及香氣的幸福食材。

- 由於三明治內加了地瓜泥，碳水化合物的比重偏高，因此建議和三五好友一起分食。或是中午吃一半，晚餐再吃另一半，並額外搭配豆漿或咖啡（低脂拿鐵或豆漿拿鐵等）享用。

1. 美式生菜瀝乾水分；番茄切成薄片；甜椒切絲。

2. 煎好荷包蛋後備用。蒸好的地瓜搗碎後，和優格均勻混合，做成地瓜泥。

3. 在吐司內側塗抹薄薄的花生醬。

4. 依照吐司→起司片→雞胸肉→荷包蛋→地瓜泥→甜椒→番茄→美式生菜→黃芥末醬→是拉差辣椒醬→吐司的順序堆疊，再用無毒保鮮膜包起三明治即可。

料理時間
15
分鐘

吃膩捲餅時，不妨改吃煎薄餅

嫩蛋玉米薄餅

買了墨西哥玉米薄餅後，卻只有做成捲餅來吃，在思考
還能做哪些料理時，我想到嫩蛋玉米薄餅。賣相神似飯
店的早餐，品嘗時也能轉換心情。這道薄餅的製作方法
簡單，味道和營養更是一絕，是我在週末早晨最喜歡吃
的早餐。

材料

主食材————————

墨西哥玉米薄餅	1 張（8 吋）
蛋	1 顆
杏鮑菇	1/2 朵
菠菜	3 株（30 公克）
起司片	1 片

調味料————————

鹽	1 小撮
胡椒粉	1 小撮
橄欖油	0.5 大匙

1. 菠菜去除根部；杏鮑菇切成薄片。

2. 起油鍋，放入杏鮑菇、鹽和胡椒粉拌炒。

3. 另起一個油鍋，接著打入蛋並以中小火慢煎。弄破蛋黃後，用鹽和胡椒粉調味。

4. 在蛋煎熟前，將玉米薄餅鋪在蛋上。

5. 依序在餅皮上放菠菜、炒好的杏鮑菇和起司片，接著將玉米薄餅包住食材，待背面也煎熟就完成了。

 營養師這樣說

- 在蛋煎熟前就要放上玉米薄餅，且動作要迅速，玉米薄餅和蛋才會緊貼在一起，不易散開。

- 玉米薄餅可搭配番茄醬、是拉差辣椒醬或黃芥末醬享用，會更美味！

- 可依喜好稍微改變玉米薄餅裡的蔬菜，如果能同時搭配生菜沙拉或水果，就是最完美的一餐。

有飽足感的鮪魚，加上爽口的甜椒及小黃瓜

鮪魚黑麥三明治

假如吃膩了肉製品，那就換吃海洋中的魚肉吧！如果覺得鮮魚料理不好煮，可用隨手可得的鮪魚罐頭，助自己一臂之力。鮪魚三明治美味可口，作法也平易近人，就用這道料理營造如同在咖啡廳的美好時光吧！

材料

主食材────────

黑麥吐司	2 片
鮪魚罐頭	100 公克
萵苣	4 片
小黃瓜	1/4 根
甜椒	1/4 個
番茄	1/4 顆
起司片	1 片

調味料────────

大豆美乃滋	1 大匙
黃芥末醬	1 大匙

1. 鮪魚淋上熱水以去除油脂，接著瀝乾水分；萵苣也瀝乾水分。

2. 甜椒和小黃瓜切碎；番茄切成薄片。

3. 將大豆美乃滋和黃芥末醬放入鮪魚、甜椒和小黃瓜中拌勻。

 營養師這樣說

· 將洋蔥或墨西哥辣椒切碎後放入鮪魚中，就能吃到口味更清爽嗆辣的三明治。

· 如果沒有大豆美乃滋，可改用原味優格，就會變成一道爽口又好吃的三明治。

4. 依照吐司→起司片→鮪魚內餡→番茄→萵苣→吐司的順序做好三明治，再用無毒保鮮膜包起就完成了。

用營養價值高的酪梨來做三明治吧！

鮮蝦酪梨三明治

這是一道適合在家中享用的早午餐減肥料理。想透過餐點來振奮心情時，沒有什麼比得上三明治了。不但方便料理，且美觀又可口！其實在三明治上放什麼食材都可以，最簡單的吃法就是放上水煮蛋、蟹肉棒或雞胸肉火腿，不僅美味十足，同時也能讓心情豁然開朗！

材料

主食材

法國麵包	3 片（75 公克）
酪梨醬	3 大匙
聖女小番茄	4 顆
蝦子	100 公克
貝比生菜	15 公克

調味料

咖哩粉	1 大匙
橄欖油	0.5 大匙
胡椒籽	少許
磨碎的紅椒粉	少許

 營養師這樣說

- 酪梨醬可用搗碎的酪梨，或酪梨薄片來取代。即使沒有特別準備其他醬料，滑順的酪梨也能扮演醬料的角色。

- 若將蝦子用咖哩粉調味，三明治會顯得更有異國風味。如果不喜歡異國香氣，用香草鹽調味後再煎即可。

1. 將蝦子放入咖哩粉中攪拌，接著起油鍋，將蝦子煎至金黃色。

2. 聖女小番茄切成薄片；貝比生菜洗淨。

3. 在法國麵包上塗抹酪梨醬。

4. 以貝比生菜→聖女小番茄→蝦子的順序放在 **3.** 上，接著撒上磨碎的紅椒粉和胡椒籽就完成了。

料理時間
20
分鐘

在餅皮內任意放入喜愛的蔬菜
墨西哥炸雞口袋餅

這是不需烤箱，用平底鍋就能煎好的料理。想吃玉米薄餅的日子，我用它做出令人耳目一新的餐點。這道墨西哥炸雞口袋餅能攝取到豐富的蔬菜，且不論搭配什麼食材，吃起來都很美味，也很適合用來招待朋友。

材料

主食材

墨西哥玉米薄餅	1 張（8 吋）
雞胸肉	80 公克（即食品）
起司片	1 片
高麗菜	50 公克
洋蔥	1/6 顆
青椒	1/4 個
甜椒	1/4 個

調味料

番茄醬	2 大匙
是拉差辣椒醬	1 大匙
胡椒粉	少許
橄欖油	0.5 大匙

1. 雞胸肉、高麗菜、洋蔥、青椒和甜椒都切絲備用。

2. 起油鍋，放入雞胸肉、高麗菜、洋蔥、青椒、甜椒，再加入番茄醬和胡椒粉拌炒。

 營養師這樣說

- 如果覺得玉米薄餅分量不夠，可改用 2 張，然後內餡放入更豐富的蔬菜，吃得飽一點也無妨。

- 冰箱中的任何蔬菜，都可加入內餡中。如果不喜歡番茄醬，可改用鹽、胡椒粉調味，吃得清淡些；或用蠔油調味亦可，味道更好。

- 完成的薄餅亦適合蘸取原味優格食用，非常美味！

3. 另起一熱鍋，不放油，直接鋪上玉米薄餅，將 **2.** 的食材集中於餅皮的半邊，再放上起司片。餅皮對折後，正反面再稍煎一下，最後搭配是拉差辣椒醬享用即可。

料理時間 **20** 分鐘

吃起來無負擔，且口味香辣又清脆

辣雞胸肉豆包三明治

用美式生菜或萵苣取代麵包，就成為減肥族也能吃的無負擔無碳水三明治。雖然我幾乎每餐都會放碳水化合物在飲食中，但是偶爾覺得攝取碳水化合物太負擔時，我會用豆包代替，於是就成為這道充滿蛋白質、口感極佳、營養滿分的豆包三明治。微辣的雞胸肉、香醇的豆包和清脆的蔬菜搭配在一起，簡直就是藝術品。

材料

主食材————————

豆包	8 片（45 公克）
辣雞胸肉	100 公克
萵苣	10 片
小黃瓜	1/4 根
番茄	1/2 顆
洋蔥	1/4 顆
紫高麗菜	30 公克

調味料————————

顆粒黃芥末醬	0.5 大匙

 營養師這樣說

- 由於豆包較薄，建議內餡選用萵苣或葉菜類，才能包得住食材。

- 如果市售雞胸肉偏鹹且已充分調味，則可省略黃芥末醬。若使用無調味雞胸肉，只要用是拉差辣椒醬或黃芥末醬調味即可。

- 可將三明治放於餐盤中，當作沙拉享用。特別的是，三明治因含有豆包，吃得到有嚼勁的口感，這是吃蔬菜類三明治時所感受不到的。

1. 萵苣瀝乾水分；小黃瓜、番茄、洋蔥和紫高麗菜切絲。

2. 用廚房紙巾去除豆包的水分。

3. 鋪好無毒保鮮膜，接著依照豆包→萵苣→雞胸肉→洋蔥→番茄→小黃瓜→紫高麗菜→黃芥末醬→萵苣→豆包的順序堆疊成三明治，再用保鮮膜包起就完成了。

料理時間

15
分鐘

口感滑嫩並帶有美肌效果的三明治

酪梨蛋沙拉三明治

這是我最喜歡的三明治，不過因為在減肥，不但無法擠
上滿滿的美乃滋，少量的大豆美乃滋也難以呈現出蛋沙
拉三明治特有的滑順口感。因此，我改放入如奶油般的
酪梨，營造出更香濃、更高級的滋味。酪梨富含維生素、
礦物質和膳食纖維，是對減肥及皮膚美容有益的食材，
再配上蛋中的蛋白質，是一道營養滿分的三明治。

材料

主食材————————

全麥餐包	1 個（70 公克）
酪梨醬	3 大匙
蛋	2 顆
貝比生菜	10 公克

調味料————————

大豆美乃滋	1 大匙
鹽	1 小撮
胡椒籽	少許

1. 將蛋放入冷水中煮 10 分鐘，再剝掉蛋殼。

2. 將酪梨醬、水煮蛋、大豆美乃滋、鹽和磨碎的胡椒籽，全部搗碎後拌勻。

3. 將餐包橫向切成兩半。

 營養師這樣說

- 可用黑麥吐司代替餐包，或用玉米薄餅亦可。

- 如果使用的是新鮮酪梨，半顆的分量就足夠了。

- 我喜歡有顆粒的咀嚼感，所以使用胡椒籽，但用一般的胡椒粉也無妨。

4. 鋪好無毒保鮮膜，接著在半片餐包上鋪上厚厚的酪梨內餡，再鋪上貝比生菜，最後蓋上另一片餐包，並用保鮮膜包緊即可。

炎炎夏日就用小黃瓜來消暑吧！

小黃瓜三明治

這道小黃瓜三明治，是英國貴族搭配紅茶享用的著名茶點。小黃瓜清脆爽口，大豆美乃滋香氣十足，再加上清淡的雞胸肉火腿片，不僅滋味出乎意料地豐富，還能帶來飽足感，是我非常愛吃的三明治。尤其在需要大量攝取水分的夏季，能吃到小黃瓜真是太好了。小黃瓜內含的水分高達 90% 以上，具有利尿效果，亦能幫助排出體內毒素及老廢物質，對於改善便祕也有極大助益。

材料

主食材

黑麥吐司	2 片
雞胸肉火腿片	40 公克
小黃瓜	1 根

調味料

大豆美乃滋	2 大匙
顆粒黃芥末醬	1 大匙

🍎 營養師這樣說

- 據說在英國早期歷史上,小黃瓜是財富的象徵。由於氣候特性,新鮮的小黃瓜在英國是珍貴食材,只有貴族和皇室能享用。

- 如果還有空間,在吐司內放入一根以上的小黃瓜也無妨。我喜歡咀嚼的口感,所以會用刀子將小黃瓜切成薄片。不過,也可將小黃瓜切成跟吐司等長的長度,然後用削皮器削成薄片,疊起來會更容易,這樣就能做出有厚度的小黃瓜三明治。

- 可以用蛋、雞胸肉或鮭魚等食材代替火腿,做出清爽又美味的三明治。

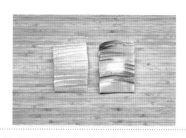

1. 小黃瓜洗淨後,切成薄片備用。

2. 在吐司內側均勻抹上大豆美乃滋和顆粒黃芥末醬。

3. 依照吐司→雞胸肉火腿片→小黃瓜→吐司的順序放上餡料。

4. 用無毒保鮮膜包好就完成了。

利用羽衣甘藍和鮭魚來強健骨骼

燻鮭魚巧巴達三明治

這是在咖啡廳中售價不低的三明治，自己動手做就能吃得更營養、更美味。製作鮭魚三明治時，葉菜類大多會使用羽衣甘藍。羽衣甘藍富含鈣質，能強化鮭魚中的維生素 D，有助強健骨骼。翠綠的羽衣甘藍和帶有粉紅色澤的鮭魚，兩者的相遇如此巧妙，是一道夢幻組合的三明治。

材料

主食材

巧巴達	130 公克（拖鞋麵包）
燻鮭魚	100 公克
羽衣甘藍	3 片
紫洋蔥	1/4 顆
番茄	1/2 顆

調味料

奶油乳酪	1 大匙
顆粒黃芥末醬	1 大匙

1. 羽衣甘藍洗淨後瀝乾水分，再對切成一半。番茄和紫洋蔥切成薄片。

2. 將巧巴達麵包橫向切成兩半。

 營養師這樣說

- 如果覺得麵包的分量太過負擔，可稍微挖掉麵包的中心，減量後再放入內餡。

- 燻鮭魚已帶有鹹味，所以使用顆粒黃芥末醬和奶油乳酪調味即可。假如買回來的燻鮭魚有附醬，也可用來當作三明治的醬料，也很美味。

- 去除羽衣甘藍的硬莖，只使用葉子的部位，才能吃到口感最佳的三明治。

3. 依照麵包→奶油乳酪→羽衣甘藍→鮭魚→番茄→紫洋蔥→黃芥末醬→麵包的順序，堆疊成三明治。

4. 最後用無毒保鮮膜包好就完成了。

料理時間
25
分鐘

蒜味十足，還能分解體脂肪

蒜味鮮蝦玉米捲餅

雖然大蒜對健康有益，但一般人卻不會特地食用，或許是因為其獨特的嗆辣味所致。如果將大蒜煮熟後再吃，味道就會被中和，同時釋放出有助分解體脂肪的成分「大蒜烯」。減肥時，沒有什麼食材比大蒜更有效了。這道玉米捲餅除了能盡情享用對減肥有益的大蒜，還放入和蒜味極搭的蝦子，因此口感有別於平常所吃的玉米薄餅，擁有不同的全新魅力。

材料

主食材

蝦子	100 公克
玉米薄餅	1 張
美式生菜	5 片
紫高麗菜	60 公克
洋蔥	1/2 顆
番茄	1/2 顆
起司片	1 片

調味料

蒜末	1 大匙
橄欖油	1 大匙
香草鹽	0.3 大匙
胡椒粉	少許
是拉差辣椒醬	少許
黃芥末醬	少許

 營養師這樣說

- 蝦子不建議和咖啡、茶、碳酸飲料、巧克力等，含有大量咖啡因的食品享用。這是因為咖啡因會將蝦子內含的鈣質和維生素排出體外，並妨礙吸收的緣故，故建議分開食用。

- 放入玉米薄餅的蔬菜中，以紫高麗菜和蝦子最對味。如果家中有現成的紫高麗菜，同時又想讓餐點呈現出美麗的色澤時，建議務必使用。不過，若沒有紫高麗菜，用一般的高麗菜亦可。

1. 美式生菜、紫高麗菜、洋蔥和番茄切絲。

2. 將香草鹽、蒜末、橄欖油和胡椒粉混合，並放入蝦子調味，再倒入熱鍋拌炒。

3. 在玉米薄餅上塗抹是拉差辣椒醬和黃芥末醬，接著放上美式生菜、紫高麗菜、洋蔥、番茄及炒好的蝦子和起司片，最後再捲起來即可。

151

料理時間
15
分鐘

水果＋優格，清腸效果極佳

希臘優格水果三明治

希臘優格是時下熱門的減肥食材，雖然一般人普遍愛吃一大碗的優格，但是想吃香甜水果時，也可改吃添加豐富水果的三明治。色彩繽紛的外觀讓人心情愉悅，光靠這道三明治就能獲得足夠的營養及飽足感。相較於一般的優格，希臘優格不僅鈣質更豐富，對於預防便祕也更有效果。不過，優格屬於乳脂肪，必須酌量攝取。

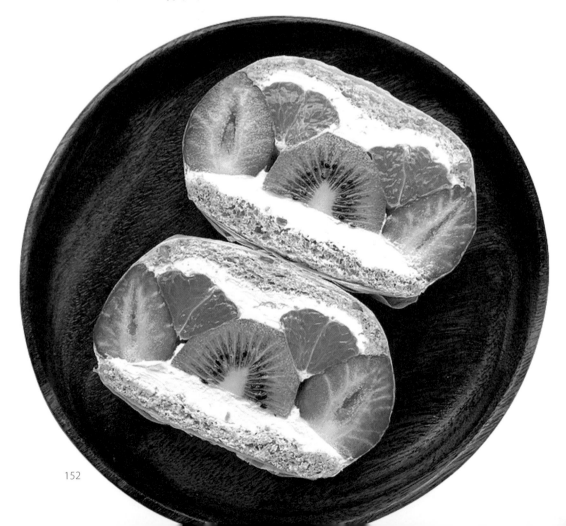

材料

全麥麵包	2 片
希臘優格	100 公克
草莓	3 顆
奇異果	1 顆
橘子	1 顆

1. 奇異果和橘子去皮後對切；草莓洗淨後切掉蒂頭。

2. 在麵包上塗抹 50 公克的優格，一邊想像對切後的剖面，一邊放上水果。

 營養師這樣說

- 可以依個人喜好更換水果，無花果、有硬度的水蜜桃、甜柿和青葡萄等都是不錯的選擇。如果使用當季水果，每次食用時都能享受到不同口味。

- 如果一開始就將保鮮膜鋪好再放上三明治，可省去移動食材時帶來的不便性。

- 為使形狀美觀，我會切掉吐司邊，但是不去邊也無妨。

3. 在水果上塗抹剩下的優格，接著蓋上麵包。

4. 用無毒保鮮膜包好後，再切開就完成了。

Chapter 3

如果想要吃得清淡些時，我會改吃沙拉。

沙拉是能讓精神振奮的減肥料理，

現在就由曾認為「蔬菜超難吃」的挑食大魔王我本人，

來介紹讓蔬菜變得更美味的方法吧！

盡情享用新鮮蔬菜的
健康快沙拉

料理時間
20
分鐘

帶有芝麻香氣，吃起來卻毫無負擔

青花菜黑芝麻沙拉

減肥時必須控制進食量，但我因為想要盡情大吃，於是做出這道青花菜黑芝麻沙拉。一朵青花菜和半盒豆腐，再加上堅果及黑芝麻，香氣濃厚又沒有負擔感，是極具魅力的料理。因汆燙變得清脆可口的青花菜間，夾著醇香的黑芝麻和豆腐，在食之無味時，堅果能增添用餐的樂趣。

材料

主食材

青花菜	1 朵
豆腐	1/2 盒（150 公克）
堅果	20 公克

調味料

鹽	1 小撮
大豆沙拉油	1 大匙
黑芝麻粉	2 大匙

 營養師這樣說

· 如果沒有可微波的蒸鍋，
  可將洗淨但帶有水分的青
  花菜裝在耐熱容器內，再
  加熱 3 分鐘。

· 可以將一整粒芝麻搗碎後
  使用，代替黑芝麻粉。

· 若不加美乃滋，可改放0.5
  大匙的蒜末和 0.5 大匙的
  香油調味，就能當作健康
  的小菜。

1. 青花菜分切成小朵後，用可微波的蒸鍋蒸 3
分鐘，接著用冷水冷卻再瀝乾水分。

2. 豆腐用廚房紙巾吸乾水分後剁碎。

3. 堅果切碎。

4. 在碗中放入青花菜、豆腐、堅果、鹽、大
豆美乃滋和黑芝麻粉後拌勻。

料理時間
25
分鐘

雖是減肥料理，也適合用來宴客

魔鬼蛋沙拉

想用一般食材吃到與眾不同的滋味時，一定要品嘗這道魔鬼蛋沙拉。魔鬼蛋是西方的開胃菜，在韓國也是派對美食之一，是備受喜愛的食物，只要搭配豐富的生菜沙拉，便適合當作減肥時的餐點，是一道賣相極佳又吸睛的料理。

材料

主食材————
蛋	3 顆
美生菜	30 公克
綜合蔬菜	20 公克
甜椒	1/4 個
聖女小番茄	4 顆
切片橄欖	少許

調味料————
大豆美乃滋	1 大匙
黃芥末醬	1 大匙
胡椒粉	1 小撮

 營養師這樣說

- 蛋黃要在正中央才方便填入內餡,因此剛開始煮的前 5 分鐘,要讓蛋一直滾動。建議將蛋放入冷水中再開始煮,若使用常溫蛋,則要煮 10 分鐘;若是從冷藏取出的蛋,則要煮 15 分鐘才會全熟。

- 如果內餡有剩,可夾入三明治或玉米薄餅內食用。

- 如果想加上碳水化合物,可簡單搭配麵包或玉米薄餅,吃起來一樣美味。

1. 將美生菜和綜合蔬菜切成方便入口的大小。蛋煮熟後,橫向切成兩半,並將蛋黃和蛋白分開。

2. 將 1 顆蛋白和甜椒切碎。

3. 將蛋黃、切碎的蛋白、甜椒和調味料放入碗中,做成內餡。

4. 將內餡填入對半切開的 4 個蛋白中,做成魔鬼蛋。

5. 將美生菜、綜合蔬菜、橄欖和對切的聖女小番茄盛入盤中,再放上魔鬼蛋就完成了。

料理時間
15
分鐘

沙拉也能熱熱吃，暖心又暖胃

義式嫩雞溫沙拉

天氣微涼的某天，我突然覺得沙拉吃起來很冷。那時，我用溫沙拉當作便當內的配菜，不僅身體暖和起來，胃也舒服了不少。這道菜適合當作清冰箱時的料理，最重要的是，只用氣炸鍋就能完成一大碗沙拉，是沒時間時最方便的餐點，也推薦給不太吃生菜的人。

材料

主食材————————

雞胸肉　100 公克（即食品）
高麗菜　40 公克
青花菜　1/2 棵
茄子　　1/2 條
杏鮑菇　1/2 朵
甜椒　　1/4 個

調味料————————

香草鹽　0.2 大匙
橄欖油　1 大匙

1. 青花菜、茄子、高麗菜、杏鮑菇、甜椒和
雞胸肉切成大方塊的形狀。

2. 將雞胸肉和所有蔬菜混合均勻，再加入香
草鹽和橄欖油拌勻。

 營養師這樣說

· 這道沙拉不加淋醬也美
味，不過，如果配上顆粒
黃芥末醬，味道更棒，如
同餐廳販售的料理。

· 除了食譜中的食材，也推
薦使用櫛瓜、洋蔥和番茄
等食物。

· 如果想搭配碳水化合物，
可將地瓜、甜南瓜、馬鈴
薯切成薄片後一起料理。
不過，地瓜和馬鈴薯必須
用清水清洗以去除澱粉，
煮起來才會清爽可口。

3. 用氣炸鍋以 180 度氣炸 10 分鐘就完成。

料理時間
20
分鐘

不加淋醬也美味，口感更是清爽

燻鮭魚地瓜球沙拉

這是一道不輸給早午餐店的高級減肥沙拉！撥開帶有鹹
味的煙燻鮭魚，包覆著爽口的地瓜泥，再用鮭魚將地瓜
泥包起來享用，是一道能均勻攝取碳水化合物、蛋白質
和膳食纖維的沙拉。即使沒有淋上特製醬料，這樣的組
合吃起來已十分美味。

材料

主食材————————

燻鮭魚	100 公克
蒸好的地瓜	100 公克
美生菜	30 公克
綜合蔬菜	20 公克
紫洋蔥	1/6 顆
聖女小番茄	5 顆
原味優格	3 大匙

調味料————————

巴薩米克醋	1 大匙
橄欖油	1 大匙
胡椒籽	少許

 營養師這樣說

- 做地瓜泥用剩的原味優格，也可用來當作沙拉淋醬，代替巴薩米克醋和橄欖油，吃起來也很美味。

- 若手邊有檸檬，可擠一些在沙拉上，吃起來更清爽開胃。

1. 將優格放入蒸好的地瓜中壓成泥，做成地瓜泥。

2. 將美生菜和綜合蔬菜切成方便入口的大小；番茄切成薄片；紫洋蔥切絲。

3. 在盤子上將地瓜泥塑成圓球狀，接著用燻鮭魚包起來。

4. 在鮭魚球周圍擺放生菜沙拉，接著淋上巴薩米克醋、橄欖油和胡椒籽就完成了。

料理時間
15
分鐘

帶有彩虹光澤，富含七種味道的饗宴

蟹肉棒彩虹沙拉

彩虹沙拉吃起來輕爽又豐盛，擺盤更是賞心悅目，是一道受歡迎的減肥料理。我以蟹肉棒和鷹嘴豆為主要食材，不僅輕盈無負擔，蛋白質含量也很豐富，是我熱愛的食譜之一。同時，它也是非常適合用來清冰箱的料理，不管放什麼都好吃，還能同時攝取到碳水化合物、蛋白質和膳食纖維。

材料

主食材

蟹肉棒	4 條（70 公克）
蛋	1 顆
小黃瓜	1/4 根
甜椒	1/4 個
番茄	1/2 顆
水煮鷹嘴豆	50 公克
紫高麗菜	40 公克

調味料

巴薩米克醋	0.5 大匙
橄欖油	0.5 大匙
鹽	1 小撮
檸檬汁	0.3 大匙
胡椒粉	少許

1. 蛋放入水中煮 10 至 15 分鐘後剝掉蛋殼。

2. 蟹肉棒、小黃瓜、甜椒、紫高麗菜、水煮蛋和番茄切成小丁。

 營養師這樣說

- 如果要帶便當，建議只裝食材，淋醬則另外包裝。如果要馬上吃，建議像食譜一樣，淋上淋醬後拌勻再吃，也可以換成自己喜歡的淋醬。

- 若家裡有檸檬，可直接擠在沙拉上，取代現成的檸檬汁，滋味更好。

3. 將鷹嘴豆和切好的食材，全部放在長型盤中，依序排列擺放，接著淋上巴薩米克醋、橄欖油，再放入鹽、胡椒粉和檸檬汁就完成了。

充滿咖哩香氣的印度風香料烤雞

印度烤雞沙拉

準備減肥餐時，難免會有吃膩清淡口味、厭倦吃雞胸肉的時候。因長期減肥感到身心俱疲時，這道菜可讓你嘗到異國風味。印度菜中我最喜歡烤雞，且只用家中的食材就能輕鬆做出，更讓我對它讚譽有加。清爽的沙拉配上玉米薄餅，是碳水化合物、蛋白質、脂肪和纖維質的完美組合。

材料

主食材

玉米薄餅	1 張（8 吋）
雞里肌肉	100 公克
美生菜	50 公克
綜合蔬菜	25 公克
小黃瓜	1/6 根
番茄	1/2 顆
洋蔥	1/6 顆

調味料

咖哩粉	1/2 大匙
原味優格	1 大匙
辣椒粉	1/3 大匙
胡椒粉	少許
橄欖油	0.5 大匙

 營養師這樣說

- 印度烤雞是將調味過的雞肉，放入印度傳統泥窯「坦都」（Tandoor）中烘烤的料理。我是在平底鍋中抹上少許的油，再將雞肉煎熟，做得比較簡單且清淡。

- 這道沙拉搭配優格淋醬最美味。如果家裡有香料，可依喜好幫雞里肌肉增添風味。

1. 所有蔬菜洗淨後切成方便入口的大小，再瀝乾水分後備用。

2. 先熱鍋，再乾煎玉米薄餅，正反面煎好後分成 4 等分。

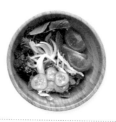

3. 雞里肌肉用咖哩粉、優格、胡椒粉和辣椒粉調味，接著起油鍋，放入雞肉並煎熟。

4. 將 1. 的蔬菜盛盤，接著放入煎好的雞里肌肉和玉米薄餅就完成了。

料理時間
15
分鐘

清爽開胃，更能消除疲勞

酸醃魷魚

又名 Ceviche，是將海鮮切細後浸泡在帶有酸味的醬汁中醃熟，再當作冷盤沙拉享用的中南美代表性開胃菜。相較於陌生的菜名和外觀，它的製作方式簡單，味道也十分可口，是我經常做來吃的菜色。魷魚含豐富的蛋白質，同時也富含能增強肌肉和消除疲勞的胺基酸，相當適合減肥族。

材料

主食材

魷魚	100 公克
小黃瓜	1/6 根
番茄	1/2 顆
紫洋蔥	1/6 顆
甜椒	1/4 個
芝麻葉	5 片

調味料

檸檬果汁	1 大匙
白醋	1 大匙
橄欖油	1 大匙
蒜末	0.3 大匙
鹽	2 小撮
胡椒籽	少許

 營養師這樣說

- 魷魚汆燙後,可以用手剝除外皮,或是連皮一起吃也無妨。

- 如果覺得魷魚不好處理,也可以用蟹肉或鮪魚罐頭。如果將麵包或玉米薄餅烤過後切片,再放上酸醃魷魚享用,也相當美味。

- 這是一道直接調理活海鮮的酸漬料理,如果想要吃酸一點,只要增加白醋或檸檬果汁的量即可。比起使用檸檬果汁,直接擠新鮮檸檬汁來使用,味道會更清爽可口。

- 傳統的 Ceviche 是將生海鮮浸泡在帶有酸味的醬汁中,用酸味將海鮮醃熟再品嘗。不過,我將食譜改成吃起來更方便的減肥餐。我因為不敢吃生魷魚,所以稍微汆燙後才調理。

1. 用滾水汆燙魷魚 30 秒,再用冷水冷卻。

2. 魷魚、小黃瓜、番茄、紫洋蔥、甜椒和芝麻葉切成小丁。

3. 將魷魚暫時浸泡在白醋中。

4. 用水沖洗浸泡在白醋中的魷魚,接著盛入盤中,並拌入其餘的蔬菜,接著放入檸檬果汁、橄欖油、蒜末、鹽和胡椒籽,均勻混合就完成了。

料理時間
20
分鐘

雙倍香氣，營養也加倍

烤菇鮮蝦沙拉

蝦子無論何時品嘗都美味，如果能放在沙拉上享用，在快吃膩減肥餐時，能帶來微小的幸福感。同時吃蝦子和菇類，不僅味道極佳，營養更是滿分。菇類可以平衡蝦子的膽固醇數值，預防成人疾病，並有效提升體內鈣質的吸收。蝦子和菇類煎過的香氣極具魅力，是一道男女老少都愛的沙拉。

材料

 **營養師這樣說**

- 這道菜配上巴薩米克醋或清爽的淋醬最對味！

- 如果想搭配碳水化合物，可以配 1 到 2 塊黑麥麵包，吃起來會更有飽足感。

1. 萵苣切成一口大小；蘋果、洋蔥和甜椒切成薄片。

2. 起油鍋，迷你杏鮑菇用香草鹽調味後乾煎。

3. 蝦子用香草鹽調味後，放入油鍋中乾煎。

4. 將萵苣、蘋果、洋蔥和甜椒盛入盤中，待煎過的杏鮑菇和蝦子冷卻後再放入即可。

料理時間
30
分鐘

多層次的味道並搭配大量蔬菜

墨西哥奇波雷減肥餐

我將墨西哥美食之一的「奇波雷」，做成減肥版品嘗。
奇波雷是將各種蔬菜、豆類、肉類等食材放在米飯上，
再搭配莎莎醬和酸奶油的菜色。雖然菜名陌生且食材不
常見，但是只要嘗一口，豐富的滋味會令人感動不已。
這道菜不但能吃到滿滿的蔬菜，甚至也能吃到米飯，可
說是相當有飽足感的一道減肥菜色。

材料

主食材

雜糧飯	80 公克
雞胸肉	50 公克（即食品）
水煮鷹嘴豆	30 公克
玉米罐頭	1 大匙
美生菜	4 片
聖女小番茄	5 顆
洋蔥	1/4 顆
酪梨醬	1 大匙

調味料

原味優格	1 大匙
莎莎醬	1 大匙
檸檬果汁	少許

 營養師這樣說

- 多放 1 片起司片或 1 大匙披薩專用起司絲，更能增添風味。不過，如果想要吃得輕盈些就省略。

- 傳統的奇波雷會用酸奶油提味，但是我們正在減肥，所以用原味優格代替，藉以保留風味。

- 可以省略酪梨醬和檸檬果汁，不過一定要加莎莎醬和原味優格，這樣才能調配出最準確的味道。可以將 1/2 顆酪梨切片後取代酪梨醬，吃起來也很美味。

1. 美生菜洗淨後瀝乾水分再切絲；番茄和雞胸肉切丁。

2. 洋蔥切碎後泡在冷水中約 10 分鐘，去除辛辣味後瀝乾水分。

3. 將雜糧飯盛入盤中，接著放上準備好的 **1.**、洋蔥、鷹嘴豆和玉米粒，再倒入原味優格、莎莎醬、檸檬果汁和酪梨醬即可。

料理時間
15
分鐘

高鐵、高蛋白，最適合女性享用

鮭魚酪梨船

鮭魚是最受減肥族喜愛的海鮮，現在就來介紹這道用鮭魚完成的早午餐食譜。鮭魚和酪梨可說是備受肯定的黃金組合，滑順的酪梨猶如佐醬，和鮭魚攪拌在一起後，口感更美味。鮭魚含豐富的蛋白質，酪梨則含鐵質，是一道能有效預防掉髮的食譜。

材料

主食材

酪梨	1 顆
鮭魚	100 公克
紫洋蔥	1/4 顆
橄欖	3 粒

調味料

鹽	1 小撮
胡椒籽	少許
橄欖油	1 大匙
檸檬果汁	0.5 大匙

1. 酪梨對切後去籽，接著用大湯匙挖出果肉，再將果肉切丁，果皮則當作容器使用。

2. 鮭魚和紫洋蔥切丁；橄欖切成薄片。

3. 將所有食材放入碗中，接著加鹽、磨碎的胡椒籽、橄欖油和檸檬果汁，再攪拌均勻。

 營養師這樣說

- 可以當作無碳水餐簡單吃，也可以搭配碳水化合物，像是加上一片黑麥吐司，也很美味。

4. 將拌好的食材盛入酪梨果皮中即可。

料理時間
15
分鐘

能找回食慾，像春天般恢復生氣

春菜水果沙拉

在春季或夏季減肥期間，365 天都有好胃口的我，偶爾也會因為天氣不佳、運動後太煩躁而沒胃口。每當這個時候，連平常愛吃的肉或有分量的高蛋白餐也不想吃，更不想自己煮飯。雖然如此，也絕對不能餓肚子，因此用這道春菜水果沙拉來提振食慾，好好享用能振奮精神的一餐吧！

材料

主食材

黑麥吐司	1 片
茴芹	50 公克
堅果	25 公克
鳳梨	70 公克
水蜜桃	1 顆

調味料

原味優格	80 公克

 營養師這樣說

- 建議在前後餐之間,多攝取這道料理,以補充缺少的蛋白質。

- 除了茴芹,還適合用於沙拉的包括垂盆草、擬漆姑、馬蹄菜和油菜等。別因為它們屬野菜就傷腦筋,尤其三月時葉片還很嫩,若生吃可吃到野菜的清香味。買回家後洗乾淨再吃,跟我們平常吃的沙拉相比,別有一番風味。

1. 茴芹洗淨後瀝乾水分,接著去除硬莖,再將葉子切成方便入口的大小。

2. 所有水果切成能一口吃下的大小。

3. 將茴芹和水果拌勻後盛入盤中,接著撒上堅果。

4. 吐司分成 4 等分,放在沙拉旁,最後用原味優格當作淋醬就完成了。

料理時間

25

分鐘

充滿獨特的口感及香味

魷魚黑米沙拉

減肥期間,魷魚是我強力推薦的蛋白質來源,本篇就要介紹用魷魚製成的獨特沙拉。在一般的沙拉中,將蛋白質換成烤魷魚或燙魷魚,不僅美味升級,同時也能轉換心情。不過,如果多花一些心思,就能吃到比市售沙拉更美味的料理。這道保留口感和視覺效果的魷魚黑米沙拉,是用黑米飯增加碳水化合物的分量,且營養充足,就用它好好享受減肥吧!

材料

主食材

黑米飯	80 公克
魷魚	100 公克
青椒	1/2 個
甜椒	1/4 個
洋蔥	1/4 顆
柳丁	1/2 顆

調味料

羅勒青醬	1 大匙
檸檬果汁	1 大匙
橄欖油	0.5 大匙
胡椒籽	少許

 營養師這樣說

- 魷魚缺乏維生素 A，所以添加豐富的青椒和柳丁達到營養均衡的效果，味道也更上一層樓。

- 只用黑米煮飯時，黑米和水的比例是 1：0.8，水的用量比平時煮米用水少 20% 左右。如果用電子鍋煮飯，也可以煮出適合搭配沙拉且軟硬適中的黑米飯。可以事先煮好一鍋，分裝成小分量後冷凍起來。沙拉搭配米飯享用，不僅兼顧營養，又能嘗到添加黑米飯的獨特口感。此外，我特別推薦米心裂開且口感極佳的黑糯米。

- 羅勒青醬是近來超市十分常見的醬料，通常是將食材磨碎後製成，沒有加熱，適合拿來當作三明治抹醬或冷盤義大利麵的醬料。或許不太常用，不過如果能買起來備用，便能應用在許多菜色上。

1. 用滾水汆燙魷魚 30 秒，再用冷水冷卻。

2. 魷魚、青椒、甜椒和洋蔥切絲。

3. 柳丁去皮後留下果肉。

4. 將黑米飯和其他食材盛入碗中，接著放入磨碎的胡椒籽和所有調味料，再拌勻即可。

料理時間
15
分鐘

吃得到一整片鮭魚的大分量菜色

鮭魚排沙拉

鮭魚是減肥族熟悉的食材，一點都不輸給雞胸肉。比起
生吃的鮭魚生魚片，我更喜歡吃熟的鮭魚排。飽滿的糙
米飯和柔嫩的鮭魚排，兩者的口感和味道宛如天作之合，
是我非常喜愛的沙拉便當食譜。

材料

主食材

糙米飯	80 公克
鮭魚	200 公克（排餐用）
美生菜	25 公克
綜合蔬菜	20 公克
甜椒	1/4 個

調味料

橄欖油	1 大匙
香草鹽	0.3 大匙

 營養師這樣說

• 這道食譜使用的排餐專用切片鮭魚，是從整條鮭魚上切片下來的，不過也有魚皮和魚肉分別處理好的鮭魚，此時建議先從魚皮煎起，煎酥脆些更好吃，調味則直接在魚肉上處理即可。

• 可以用地瓜、甜南瓜、馬鈴薯、全麥麵包或玉米薄餅等食材代替糙米飯，也很對味。

• 若有檸檬，可以擠一些在鮭魚排上；如果沒有，省略也無妨。

1. 將美生菜和綜合蔬菜瀝乾水分後，切成方便入口的大小；甜椒切絲。

2. 起油鍋，鮭魚用香草鹽調味後乾煎。

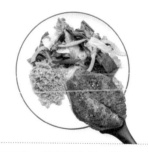

3. 將所有蔬菜、糙米飯和鮭魚排盛入盤中。

Chapter 4

我打從骨子裡就是肉食族，

是個肉食愛好者，沒有肉就活不下去。

如果沒有定期吃肉，整個人就會病懨懨的，

幸好透過減肥餐能吃到蛋白質。

我用喜歡的肉品、減肥族也能吃的

少量調味料及調理方式，自己動手做來吃。

從現在起，身為肉食族的你，

不妨跟著我一起享受幸福的嗑肉大餐，踏上減重之路吧！

就愛吃肉！滿足肉食者的

元氣肉料理

料理時間
30
分鐘

沒力氣時，就大口吃肉吧！

牛排蓋飯

當吃膩減肥餐又想外食時，就來吃這道不輸給餐廳的美味牛排蓋飯吧！為了將肉食族的最愛單品「牛排」變成好吃的減肥版蓋飯，我用了最少量的調味料，保留住它的原汁原味。精神不濟時，牛排內豐富的蛋白質能幫你充電，精力加倍。

材料

主食材————

牛肉　　　200 公克
（排餐用腰脊肉）
雜糧飯　　100 公克
洋蔥　　　1/2 顆
生菜沙拉　少許

調味料————

鹽　　　　1 小撮
胡椒粉　　1 小撮
橄欖油　　1 大匙
伍斯特醬　1 大匙
山葵　　　依個人喜好

 營養師這樣說

- **何謂醃泡（marinade）？**
  處理肉類或海鮮之前，為了使它們入味或肉質變軟，會浸泡在紅酒或橄欖油等液體中，這麼做有去除動物性脂肪或是讓乾柴的瘦肉變嫩的作用。

- **何謂靜置（resting）？**
  這是讓肉類的肉汁往中央集中，使肉質更多汁的調理方法。將肉移到沒有熱度的砧板或餐盤上，靜置 5 到 7 分鐘。靜置能將肉汁鎖在中央，之後帶便當時便能吃到多汁的肉。

- 如果沒有伍斯特醬，可以將胡椒粉、0.2 大匙寡糖、0.5 大匙水，一起加入 0.5 大匙的醬油中代替。

1. 牛肉去除油脂部分後，用鹽、胡椒粉和橄欖油醃泡約 10 分鐘。洋蔥切絲備用。

2. 熱鍋後，開始用大火煎牛肉，待表面變成金黃色後轉中火，翻面煎熟後，移到砧板或其他餐盤中靜置。

3. 將洋蔥放入煎牛肉的鍋中，炒到轉為半透明的狀態為止。

4. 將牛肉切成方便入口的大小，接著依照雜糧飯→炒洋蔥→伍斯特醬→牛肉的順序盛入盤中，再搭配山葵和生菜沙拉享用。

料理時間
30
分鐘

以里肌肉代替肥肉，做出減肥版的飯捲

豬肉紫菜飯捲

減肥也能吃紫菜飯捲？而且還是吃豬肉紫菜飯捲？省略
米飯的調味料，並挑選肉品油脂分布少的里肌肉，再用
超簡單的調味料煮出清爽又豐富的風味。吃豬肉當然少
不了用菜包著吃，所以我又加了清脆的萵苣，就像是在
吃生菜包肉，這是一道屬於減肥族的豬肉紫菜飯捲。

材料

主食材————————

雜糧飯	130 公克
豬肉	100 公克
（韓式烤肉用里肌肉）	
萵苣	5 片
壽司專用海苔	1.5 張

調味料————————

辣椒醬	0.5 大匙
蒜末	0.3 大匙
寡糖	0.3 大匙

 營養師這樣說

- 放入芝麻葉再捲起來也很好吃，也可依喜好和冰箱食材的狀況，變換搭配的蔬菜。

- 改用醬油代替辣椒醬，就能成為孩子們也能吃的韓式烤肉紫菜飯捲。

1. 萵苣洗淨後去除水分。

2. 將辣椒醬、蒜末和寡糖放入切成薄片的豬肉中調味。

3. 將調味好的豬肉放入熱鍋中，用小火無油乾煎至熟透。

4. 鋪好 1 張半的海苔後，放上一層薄薄的飯，接著依照萵苣→豬肉的順序放上去，捲起來就完成了。

料理時間 **25** 分鐘

低鹽低脂，最適合配生菜吃！

韓式生菜包豬里肌肉

熱愛吃肉的肉食族我本人，也相當喜愛生菜包肉，這是減肥時的替代版菜色，當作一般餐享用也分量十足。大口吃著脂肪少且口味清爽的豬里肌肉，同時配上豐富的生菜，讓人覺得好幸福！除了使用豬里肌肉，喜歡生菜包肉的我也會使用雞胸肉，是一道如果少了它就會感到空虛的重要菜色。

材料

主食材————

豬肉　　200 公克
（白切肉用里肌肉）
雜糧飯　150 公克
萵苣　　7 片
豆腐　　30 公克

調味料————

肉桂粉　0.5 大匙
胡椒籽　5 粒
辣椒醬　0.5 大匙
蒜末　　0.3 大匙
香油　　0.3 大匙
芝麻　　少許

 營養師這樣說

· 為了去除腥味，煮肉時可以依喜好添加想放入的食材，我平時最常用的是肉桂粉、生薑粉和胡椒籽，有時也會放咖啡粉、韓式大醬或燒酒等。其實只要肉質新鮮，用清水煮也依舊美味。

· 我之所以要做豆腐包飯醬，是因為想要吃得更有飽足感，所以製作低鹽的版本。我在一般的辣椒醬中添加調味料，並搭配營養的豆腐，變成香氣十足的包飯醬，即使減肥也能毫無負擔地享用。

1. 將豬肉、可蓋過豬肉的水、肉桂粉和胡椒籽放入湯鍋中，煮 20 分鐘。

2. 將雜糧飯分成一口大小，再捏成圓球狀。

3. 豆腐去除水分後剁碎，接著放入辣椒醬、蒜末、芝麻和香油，做成豆腐包飯醬。

4. 將煮熟的豬肉切成方便入口的厚度。

5. 萵苣洗淨後，和分配好的飯包成生菜包飯，再配上豬肉和包飯醬就完成了。

料理時間
20
分鐘

一次補充蛋白質、礦物質和維生素！

煙燻鴨肉＆羽衣甘藍包飯

我用能吃到美味鴨肉的煙燻烤鴨，配上膳食纖維豐富的
羽衣甘藍，做成生菜包飯。特別是羽衣甘藍，富含礦物
質和維生素，具有美肌、消除疲勞、預防便祕的效果，
是適合減肥族的超級食物。這道料理營養價值高，味道
也好，任誰看了都會想大啖一口。

材料

 營養師這樣說

- 燙羽衣甘藍時，先將粗硬的莖放入滾水中，10秒後再放入葉子汆燙。

- 如果覺得豆腐包飯醬太費工，用 1 大匙辣椒醬代替也無妨。

- 如果鴨肉的皮和油脂部位太多時，請先去除後再乾煎。不過，攝取少量的鴨油（即不飽和脂肪酸）也無妨，因為不飽和脂肪酸富含胺基酸和礦物質，能去除活性酸素及老廢物質，同時也有助於排出毒素。

1. 羽衣甘藍洗淨後，用滾水汆燙約 30 秒，接著用冷水沖洗，再擠乾水分。

2. 豆腐去除水分後剁碎，接著放入辣椒醬、蒜末、芝麻和香油，做成豆腐包飯醬。

3. 將雜糧飯分 6 等分，捏成球狀後放在羽衣甘藍上，並加入豆腐包飯醬後捲起來。

4. 熱鍋後，以無油乾煎鴨肉，完成後用廚房紙巾去除油脂，擺盤作為配菜。

這樣吃，跟大力水手一樣有力氣！

烤牛肉菠菜沙拉

菠菜是一年四季都能吃到的常見蔬菜，在設計減肥菜單時我經常使用它，雖然通常都是煮熟後再吃，但生吃亦可，因此適合用於沙拉中。相較於夏天，冬天時菠菜含有更豐富的營養素，甜味也更明顯。菠菜中缺乏的蛋白質，可靠油脂少的牛腰脊肉部位補充，是一道分量實在的沙拉餐。

材料

主食材————————

牛肉　　　　　130 公克
（韓式烤肉用腰脊肉）
菠菜　　　　　80 公克
洋蔥　　　　　1/6 顆
聖女小番茄　5 顆

調味料————————

橄欖油　　　　0.5 大匙
醬油　　　　　1 大匙
寡糖　　　　　0.3 大匙
蒜末　　　　　0.3 大匙
香油　　　　　0.3 大匙
胡椒粉　　　　少許

營養師這樣說

- 可搭配 1 大匙胡麻醬享用，非常對味，但要注意因菠菜含草酸，多吃易導致結石。不過，芝麻中含有離胺酸，是一種必需胺基酸，有去除草酸的功能，因此在做涼拌菠菜時，建議也可撒些芝麻。

- 可用食物調理機研磨 3 大匙整粒芝麻、0.5 大匙寡糖、1 大匙醬油、2 大匙白醋、1 大匙大豆美乃滋和 1 大匙橄欖油，做成胡麻醬。如果覺得這樣的過程太麻煩，用 1 到 2 大匙市售的胡麻醬也可以。

- 設計菜單時，如果想要搭配碳水化合物，可以準備 1 片黑麥吐司或是帶有嚼勁的糙米飯，和沙拉一起享用，不僅味道絕佳，營養更是豐富。

1. 牛肉用醬油、寡糖、蒜末、香油和胡椒粉調味。

2. 菠菜去除根部後對切；洋蔥切絲；聖女小番茄對半切開。

3. 起油鍋，接著煎調味好的牛肉。

4. 將所有蔬菜盛盤後拌勻，再放上煎好的牛肉，最後淋上醬料即完成。

捲起麵條搭配烤肉享用

蒟蒻拌麵 & 烤豬里肌肉

我平時喜歡吃拌麵配烤肉，因為太喜歡吃肉，學生時代時如果早餐沒有三層肉，我甚至會不吃！蒟蒻拌麵搭配烤豬里肌肉，就像用拌麵將三層肉捲起再包起來吃一樣，這樣吃就已心滿意足。為了好好享受減肥餐，我設計出這道即使在減肥，也能吃麵又吃肉的食譜。

材料

主食材

蒟蒻麵	100 公克
豬肉	100 公克（里肌肉片）
萵苣	5 片
芝麻葉	5 片
紫高麗菜	30 公克
小黃瓜	1/4 根
紅蘿蔔	1/6 根
洋蔥	1/6 顆

調味料

辣椒醬	1 大匙
辣椒粉	0.5 大匙
白醋	0.5 大匙
蒜末	0.3 大匙
鹽	2 小撮
胡椒粉	少許
橄欖油	0.5 大匙

 營養師這樣說

- 如果想增加碳水化合物，也可以配少許白飯。當前一餐和後一餐吃較多澱粉，或是正常飲食時，我會選擇不增加碳水化合物來享用。此外，建議使用新鮮食材來料理。

1. 所有蔬菜切絲備用。

2. 蒟蒻麵用冷水沖洗乾淨後，瀝乾水分。

3. 將蒟蒻麵和所有蔬菜，連同辣椒醬、辣椒粉、白醋和蒜末放入碗中拌勻。

4. 起油鍋，接著放豬肉片，用鹽、胡椒粉調味後，再將正反面煎熟，最後和拌麵一起盛盤。

料理時間
15
分鐘

使用氣炸鍋，連同蔬菜一起料理

氣炸土魠魚排

冬季最美味的土魠魚，是減肥時蛋白質的供應來源，也是優良食材之一。我對腥味比較敏感，所以不喜歡吃海鮮，但是卻頗愛吃味道清淡且沒什麼魚腥味的土魠魚。土魠魚對於預防骨質疏鬆症和增進血管健康有卓越功效，也有助於消除疲勞。如果使用氣炸鍋，裝飾用的配菜（Garnish）也能一次煮好，是一道簡單卻帶有高級感的菜色。

材料

主食材————

土魠魚	130 公克
地瓜	100 公克
洋蔥	1/2 顆
甜椒	1/4 個
切片檸檬	2 片

調味料————

香草鹽	0.3 大匙
胡椒粉	少許
卡宴辣椒粉	少許
橄欖油	1.5 大匙

1. 地瓜、洋蔥、甜椒和檸檬切成薄片。

2. 土魠魚均勻抹上香草鹽、胡椒粉、辣椒粉和橄欖油後,放入氣炸鍋中,再擺上檸檬。將所有蔬菜放在旁邊,然後同樣抹上調味料,再以 200 度氣炸 10 分鐘就完成了。

 營養師這樣說

• 省略檸檬和辣椒粉也無妨。卡宴辣椒粉是用發源地為中南美的卡宴辣椒所製成,辣味強勁,撒在肉類等食材上能增添風味。

• Garnish 是指在一般西式餐廳點牛排時,會搭配上桌的裝飾配菜。近來有許多餐廳會提供營養、配色和味道相輔相成的裝飾用配菜,相較於單吃土魠魚,為了講究味道及營養,我也多加了配菜,讓菜色吃起來更豐盛。

今晚吃牛肉飯糰好嗎？

烤牛肉飯糰

像三明治般將米飯拿在手上吃的「飯糰」，又名米漢堡。各式各樣的飯糰中，我最喜歡的是烤牛肉包蔬菜的組合。咬下一大口，彷彿有種正在吃生菜包肉的感覺。這道菜可以均勻攝取到碳水化合物、蛋白質和膳食纖維，不管是大人或小孩都會喜歡它的滋味，除了可當正餐吃，也適合當作上班族的午餐便當或外出郊遊時的餐點。

材料

主食材———

牛肉	100 公克（牛臀肉）
雜糧飯	130 公克
壽司專用海苔	1 張
萵苣	6 片
紫高麗菜	40 公克
洋蔥	1/6 顆

調味料———

醬油	1 大匙
蒜末	0.3 大匙
寡糖	0.3 大匙
胡椒粉	少許

1. 萵苣洗淨後瀝乾水分；紫高麗菜和洋蔥切絲備用。

 營養師這樣說

- 已經用調味料幫牛肉調味，所以不用另外加醬，但是如果要加醬，可以用顆粒黃芥末醬或微辣的是拉差辣椒醬。

- 除了萵苣，也可以使用芝麻葉或其他蔬菜，請盡情享受吃生菜包肉的感覺吧！

2. 牛肉切成薄片，用醬油、蒜末、寡糖和胡椒粉調味後煎熟。

3. 在海苔上薄薄地鋪上準備好的半份雜糧飯，接著依序擺上 3 片萵苣→煎好的牛肉→洋蔥→紫高麗菜→ 3 片萵苣→半份雜糧飯。

4. 將海苔的頂點往正中央包起來，並捏成圓形漢堡的形狀，再用無毒保鮮膜包好即可。

料理時間
25
分鐘

顏色吸睛，是滿足味蕾的三種風味

三色丼蓋飯

想吃些轉換心情的菜色時，要不要來點吸睛的華麗蓋飯
呢？這道食譜使用的是豬里肌肉，而非已吃膩的雞胸肉。
將五顏六色的配菜拌在一起，再大快朵頤一番，是一道
融合清爽的小黃瓜、香噴噴的蛋和豬肉的蓋飯。只要吃
過這道料理，那天再也不會想念任何的一般食物了。

材料

主食材————

雜糧飯　100 公克
豬絞肉　80 公克（里肌肉）
蛋　　　1 顆
小黃瓜　1/2 根

調味料————

醬油　　0.5 大匙
蒜末　　0.3 大匙
寡糖　　0.3 大匙
鹽　　　1 小撮
橄欖油　0.5 大匙

 營養師這樣說

- 豬肉和醃過的小黃瓜都已調味過，但是如果想吃得更香，可以用 0.3 大匙芥末醬、1 大匙醬油和 0.3 大匙白醋做成芥末調味醬，搭配吃也很美味。

- 用炒泡菜代替小黃瓜亦可。將 40 公克的泡菜切碎，再用 0.5 大匙香油拌炒，就可取代小黃瓜，更帶有古早味便當的風味！

1. 小黃瓜切丁，接著加鹽醃 5 分鐘，再用廚房紙巾擠出水分。

2. 起油鍋，蛋打散後將蛋液炒熟。

3. 豬肉用醬油、蒜末和寡糖調味後，在熱鍋中拌炒。

4. 飯盛盤後，在上方整齊地放上炒蛋、炒好的豬肉和醃好的小黃瓜。

口感超讚！滿滿的牛肉更是療癒

牛丼減肥餐

牛丼是將牛肉、洋蔥跟甜甜的醬汁一起燉煮，再淋在白飯
上享用的日式牛肉蓋飯。用最少的甜味獲得好心情，再
透過牛肉和蛋補充蛋白質，是減肥時的療癒餐點。這是比
想像中還要容易完成的減肥料理，味道更是人見人愛。
如果減肥期間必須跟朋友見面，那就邀請對方到家裡作
客，用這道能快速完成的熱騰騰牛丼，來招待朋友吧！

材料

主食材———————

雜糧飯	100 公克
牛肉	100 公克

（韓式烤肉用腰脊肉）

蛋	1 顆
洋蔥	1/2 顆
青蔥	1/2 支

調味料———————

鹽	1 小撮
醬油	1 大匙
寡糖	0.3 大匙
胡椒粉	少許
水	1 杯

 營養師這樣說

- 如果家裡有日式醬油，請用日式醬油代替一般醬油，這樣更能完美呈現出牛丼的風味。

- 如果牛肉上分布的油脂太多，請先切掉油脂後再煮。

1. 洋蔥切絲；青蔥斜切。

2. 熱鍋中放入牛肉、鹽和胡椒粉稍微拌炒一下，接著加水。

3. 鍋中煮滾後放入洋蔥和青蔥，接著用醬油和寡糖調味，再打蛋煮至半熟。

4. 最後淋在飯上就完成了。

料理時間
15
分鐘

為疲憊的身體補充電力

韭菜鴨肉蓋飯

適合搭配煙燻鴨肉的食材中，冠軍當然非韭菜莫屬。在鴨肉專賣店裡，鴨肉和韭菜總是像死黨一樣形影不離。鴨肉屬性偏寒，而韭菜能增加溫暖，兩者是美味的夢幻組合。我在這道菜中用蠔油提味，保留住中式料理的鮮甜滋味。在精疲力盡的炎炎夏日，需要為身體充電時，我最推薦這道減肥餐。

材料

主食材————

雜糧飯	100 公克
煙燻鴨肉	100 公克
韭菜	50 公克
洋蔥	1/4 顆

調味料————

蒜末	0.3 大匙
蠔油	0.5 大匙
香油	0.3 大匙

1. 鴨肉切成一口大小；洋蔥切絲；韭菜切成跟洋蔥一樣的長度。

2. 熱鍋中先煎鴨肉，煎出鴨油後，放入蒜末爆香。

 營養師這樣說

· 為了避免韭菜炒過頭，只要用熱氣燜 20 秒左右就可以起鍋了。韭菜如果炒過頭會不好嚼，若要用來帶便當，用餘溫燜一下即可。

· 如果鴨皮和鴨肉的油脂部分過多，請適當切除後再煮。不論鴨油對身體多有益，攝取過多油脂也不好。萬一過油，食物就會變得太膩口。

3. 鍋中放入洋蔥拌炒，待洋蔥炒至半透明後，再放入韭菜和蠔油快炒，最後用香油收尾。

4. 先將飯盛盤，再放上鴨肉炒韭菜就完成了。

料理時間
20
分鐘

減肥也能大啖異國料理！

烤肉佐蒟蒻米線

烤肉米線是用魚露沾濕米線後，搭配新鮮蔬菜和酥脆肉片的越南美食，不妨將這道料理當作減肥餐來品嘗吧！我用甜菊糖取代魚露的甜味，再用蒟蒻麵代替米線，帶有嚼勁又充滿魅力的「蒟蒻米線」就誕生了！夾起蔬菜和蛋白質，再浸泡至美味的沾醬中，就能好好享受這道異國減肥餐。

材料

主食材

蒟蒻麵	60 公克
豬肉	100 公克
（燒烤用里肌肉）	
綜合蔬菜	50 公克
洋蔥	1/2 顆
青陽辣椒	1 根

豬肉調味料

醬油	1 大匙
蒜末	0.3 大匙
寡糖	0.3 大匙
胡椒粉	少許
橄欖油	0.5 大匙

魚露醬汁

水	180 毫升
魚露	4 大匙
檸檬果汁	6 大匙
甜菊糖	1 大匙
青陽辣椒	0.5 根
磨碎的紅椒粉	少許

 營養師這樣說

- 如果有米線，可以用米線代替蒟蒻麵，增加碳水化合物。如果替換成米線，以 50 公克為基準，放在滾水中煮約 4 分鐘，就是減肥族完美的一餐。

- 如果沒有魚露，也可以用海鮮醬汁代替，但是用量必須是魚露的一半。想要吃得酸一點就加檸檬果汁；想要吃得甜一點就加甜菊糖，依個人口味享用魚露醬汁。

1. 洋蔥切絲；青陽辣椒切成圓片狀；綜合蔬菜切成方便入口的大小。

2. 蒟蒻麵用冷水沖洗乾淨後，瀝乾水分。

3. 豬肉用醬油、蒜末、寡糖和胡椒粉醃一下，接著起油鍋，再將豬肉煎熟。

4. 將甜菊糖放入 1 大匙的熱水溶解，再加入水、魚露、檸檬果汁、青陽辣椒和磨碎的紅椒粉，做成醬汁，最後將所有材料盛盤。

料理時間
20
分鐘

清淡牛肉和開胃蔬菜的結合

煎牛臀肉 & 涼拌芝麻葉

鮮肉煎餅常搭配涼拌韭菜或蔥絲來開胃，由於牛肉和芝
麻葉非常對味，因此我選擇對減肥族有益的芝麻葉。一
聽到鮮肉煎餅，也許有人會覺得太油膩或吃了會發胖，
那就大錯特錯了！這道菜使用少量的油，而且只用蛋，
沒有使用麵粉，就能煎出清淡爽口的煎餅，再配上開胃
的涼拌芝麻葉，讓味道與營養達到最佳的平衡。

材料

主食材————

牛肉	200 公克
（牛臀肉切片）	
芝麻葉	10 片
洋蔥	1/5 顆
蛋	1 顆

調味料————

鹽	2 小撮
胡椒粉	少許
橄欖油	1 大匙
醬油	0.5 大匙
辣椒粉	0.5 大匙
芝麻鹽	0.3 大匙
白醋	0.3 大匙
香油	少許

 營養師這樣說

- 因為沒有使用麵粉，只用蛋煎，所以一開始要等到底部完全煎熟，蛋麵衣才會緊貼在肉片上，不會脫落。為了讓蛋液裹在肉片上，一開始接觸鍋子的那一面，要煎到蛋和肉片合而為一才能翻面。

- 近來也會將一餐分量的牛臀肉切片，分裝成單包販售，使用這樣的食品十分方便。或者也可至超市或是肉鋪購買片狀的牛臀肉，煮起來更方便。

- 如果覺得涼拌芝麻葉作法太繁複，也可以將泡菜洗淨，並加一兩滴香油和 0.3 大匙芝麻調味，搭配鮮肉煎餅，照樣開胃又好吃。

1. 牛肉用鹽和胡椒粉醃一下；芝麻葉和洋蔥切絲。

2. 蛋打散成蛋液。

3. 牛肉沾上蛋液，接著在熱鍋中用中小火煎至金黃色。

4. 把醬油、辣椒粉、芝麻鹽、白醋和香油，加到芝麻葉和洋蔥中拌勻，再和鮮肉煎餅一起擺盤就完成了。

料理時間
20
分鐘

暫時休息，來份唰嘴的辣炒豬肉吧！

辣炒豬里肌肉 & 玉米薄餅

減肥時要忌口刺激性的食物，可是有時難免會想吃香喝辣，這時就容我來介紹這道開胃食譜吧！不使用雞胸肉，而是用清淡的豬里肌肉拌炒帶有辣味的辣椒什錦雜菜，再用玉米薄餅包起來享用，咬下後會有置身在天堂的感受。多虧富含維生素 C 的青椒和甜椒，才能完成這道有助消除疲勞及美肌的健康食譜。

材料

主食材————————

玉米薄餅	2 張（8 吋）
豬肉	100 公克
（韓式雜菜用里肌肉）	
洋蔥	1/4 顆
甜椒	1/4 個
青椒	1/4 個
青陽辣椒	1 根

調味料————————

蒜末	0.3 大匙
醬油	1 大匙
胡椒粉	少許
辣椒粉	1.5 大匙
寡糖	0.3 大匙
橄欖油	0.5 大匙

 營養師這樣說

- 最近去超市會發現，店家會事先將油脂少的里肌肉部位切絲，然後分裝成小分量販售，使用起來更方便，可以善加利用在各種食譜中。

- 用玉米薄餅包肉也很好吃，或把炒豬肉淋在飯上當作蓋飯也別具風味。

- 如果想要吃得辣一些，烹煮時可以增加青陽辣椒、辣椒粉或胡椒粉的用量。不過，減肥時如果突然吃辣的食物，可能會導致胃不舒服，這點請多加留意。

1. 洋蔥、甜椒和青椒切絲；青陽辣椒切成圓片狀。

2. 熱鍋後，無油乾煎玉米薄餅，正反面煎好後分成 4 到 6 等分。

3. 起油鍋，用蒜末爆香後，依序放入豬肉和蔬菜拌炒，接著再放入醬油、胡椒粉、辣椒粉和寡糖拌炒。

4. 將 3. 和煎好的玉米薄餅擺盤就完成了。

一口吃下清涼爽口的沙拉

青葡萄骰子牛沙拉

暑假是適合衝刺減肥的時期，青葡萄是 7、8 月的當季水果，藉由青葡萄讓味蕾和身心好好休息吧！青葡萄富含鉀，有助於消除水腫，它同時也含有多酚，對血管健康和肌膚美容有益。此外，維生素及檸檬酸能舒緩運動所累積的疲勞，對減肥的人來說是最棒的食材！

材料

主食材

牛肉	200 公克（腰脊肉）
美生菜	25 公克
綜合蔬菜	20 公克
紫洋蔥	1/6 顆
甜椒	1/4 個
青葡萄	8 顆

調味料

香草鹽	0.5 大匙
橄欖油	0.5 大匙

 營養師這樣說

- 只要在沙拉上淋一圈巴薩米克醋就很美味，或搭配原味優格淋醬也很對味。

- 牛肉熟度依個人喜好調整即可。如果要煎至全熟，可用中小火邊翻面邊煎；如果要煎一分熟或三分熟，用大火將表面的肉汁鎖住，再將表面煎至金黃色即可。

- 製作便當時，必須先將骰子牛煎熟，稍微冷卻後再放到沙拉上。如果沒有這麼做，骰子牛的熱度會把沙拉燜熟，當你打開便當要吃時，蔬菜早已軟化了。

1. 牛肉切成方塊狀，接著用香草鹽和橄欖油醃一下。

2. 美生菜和綜合蔬菜切成一口大小；洋蔥和甜椒切絲。

3. 熱鍋後，用中小火將牛肉煎熟。

4. 綜合蔬菜盛盤後拌勻，再放上骰子牛和青葡萄就完成了。

料理時間
20
分鐘

帶有中式風味的生菜包肉料理
美生菜包牛肉

美生菜只能拿來做沙拉嗎？現在就來介紹與眾不同的美生菜食譜。中式料理中有一道「炒牛肉鬆」，是將牛肉和各種蔬菜快炒後，再放到美生菜上享用。只要簡化烹煮方式，就會變成減肥時也可安心品嘗的料理，是一道不論是否在減肥，都能盡情享用的別緻菜色。

材料

主食材

牛絞肉	100 公克
美生菜	100 公克
青蔥	1/4 支
洋蔥	1/4 顆
甜椒	1/4 個
金針菇	1/2 包

調味料

蒜末	0.3 大匙
醬油	1 大匙
燒酒或料理酒	1 大匙
蠔油	1 大匙
寡糖	0.3 大匙
胡椒粉	少許
香油	少許

營養師這樣說

- 在熱油中拌炒醬油和清酒（用燒酒或料理酒代替亦可）能增添料理的香味，這是中式料理的烹調技巧，稱為「表香」。如果覺得這個步驟太繁瑣，可以將步驟 **2.** 和 **3.** 的料理過程濃縮成一個，將所有材料全部放下去一起炒也行。

- 製作便當時，炒牛肉完全冷卻後再用美生菜包起來，或是將炒牛肉和美生菜隔開來放，就能避免美生菜軟化。

- 如果想搭配碳水化合物享用，可以加上 80 到 100 公克的米飯一起享用。

1. 將美生菜撕成一口大小；青蔥、洋蔥、甜椒和金針菇切碎。

2. 起油鍋，接著放入切碎的青蔥和蒜末爆香，再放入牛肉、醬油和燒酒拌炒。

3. 放入其餘切好的蔬菜，再放入蠔油、寡糖、胡椒粉和香油，即完成牛肉炒蔬菜。

4. 將美生菜和牛肉炒蔬菜盛盤，就完成了。

Chapter 5

本章收錄許多清爽的特別料理，不論外觀或滋味都不像減肥餐。

減肥期間看似完全不能吃的菜色，

其實只要稍微變換食材，或是改變料理方式，

就能安心享用。

即使面臨必須清冰箱的無奈時刻，也能吃到豐盛的特別料理，

這一章內的菜色就是如綠洲般，得以使心情轉換的美味菜單。

偶爾不忌口！給減肥族的
美味特別餐

熱騰騰又吃得飽，讓人念念不忘！

韓式雞蛋糕

這是冬季時最經典的路邊小點心，熱愛零嘴的我當然也不會放過，時常買來吃。但礙於減肥，沒辦法太常吃，正當我苦惱該怎麼做時，這道減肥族版本的蛋糕就誕生了。充滿蛋白質的蛋和雞胸肉火腿，讓這道菜充滿營養，黑麥吐司則含有碳水化合物，吃了會有飽足感。當想念冬天的靈魂美食雞蛋糕時，就用氣炸鍋做來品嘗吧！

材料

主食材

黑麥吐司	1 片
蛋	2 顆
雞胸肉火腿片	20 公克

調味料

鹽	1 小撮
胡椒粉	少許
橄欖油	少許
巴西里粉	少許

 營養師這樣說

- 搭配是拉差辣椒醬、黃芥末醬、無糖番茄醬等各式醬料享用更美味。

- 如果覺得蔬菜不夠多，可以配沙拉一起吃，或是在蛋糕中放入切碎的蔬菜亦可。

- 喜歡吃半熟蛋的人如果不想讓蛋全熟，只要用氣炸鍋以 180 度氣炸 10 分鐘，就能吃到晶瑩剔透的蛋黃。

- 假如對於使用紙杯有所顧忌，可改用環保紙杯，或是用烘焙專用容器代替。

1. 吐司沿對角線對切；火腿切絲。

2. 紙杯內抹油後，放入吐司，當作麵包模具。

3. 將火腿放在麵包上並稍微下壓，再打入蛋，並放半撮鹽和胡椒粉調味，最後撒上巴西里粉。

4. 用氣炸鍋以 180 度氣炸 13 分鐘即可。

料理時間

30

分鐘

大口咬下外酥內軟的幸福滋味

豆腐麵包蝦

我想推薦這道既健康又清淡的食譜,當作閒暇週末的特別餐。麵包蝦是將蝦泥放在吐司中間後,再油炸的中式料理。我很喜歡麵包蝦,當我正懊惱著減肥期間該怎麼吃才能吃得健康時,便想出了這道食譜。用豆腐代替吐司,清淡的口味是這道菜的魅力。將豆腐的表面煎得金黃酥脆,內餡則是濕潤多汁,是適合當作下飯菜的理想菜色。

材料

主食材

豆腐	1 塊
蝦仁	100 公克
蛋白	2 大匙
麵粉	3 大匙

調味料

鹽	少許
胡椒粉	少許
是拉差辣椒醬	少許
橄欖油	少許

 營養師這樣說

- 蛋白 2 大匙相當於一顆蛋取出的 1/3 蛋白量。

- 如果沒有氣炸鍋，可先起油鍋，接著放入夾好蝦泥內餡的豆腐，再蓋上鍋蓋，待底部煎至金黃色且蝦泥內餡熟透後，翻面將另一面的豆腐煎至酥脆就完成了。像用蒸的一樣，蓋上鍋蓋將蝦泥內餡燜熟，翻面時蝦泥內餡才不會掉出來，形狀也比較好看。

- 如果需要醬汁，可以搭配是拉差辣椒醬。

1. 橫向將豆腐劃分成六等分，總共切成十二塊，再放在廚房紙巾上，撒鹽調味後讓水分排出。

2. 蝦子剁成粗顆粒狀後，放入蛋白、麵粉 1 大匙、鹽和胡椒粉，揉至帶有黏性，做成內餡。

3. 用廚房紙巾吸乾豆腐的水分後，在會碰到蝦泥內餡的那一面沾上麵粉，接著放蝦泥內餡，再放上豆腐。

4. 放入氣炸鍋中，表面塗上橄欖油後，用 180 度氣炸 15 分鐘就完成了。

料理時間
5
分鐘

今天晚上做好，明天早上就能吃！

燕麥方便粥

這是針對不方便準備早餐的忙碌上班族，或是要照顧孩子的媽媽們，可事先準備的方便早餐。我將前一晚先做好的「燕麥方便粥」簡稱為「方便粥」，是一道只要前一晚提前做好，隔天早上就能迅速帶出門的方便餐。這道燕麥粥使用富含膳食纖維的燕麥和燕麥粉，且帶有年糕的口感，強力推薦給因長期減肥而有便祕困擾的人。

材料

主食材

速食燕麥	3 大匙
無添加豆漿	50 毫升
原味優格	100 公克
燕麥粉	2 大匙
可可豆碎粒	5 公克
藍莓	30 公克

1. 將速食燕麥和豆漿放入杯中，混合均勻。

2. 優格也倒入杯內，再將燕麥粉倒在最上面。

3. 蓋上蓋子，放入冷藏室內泡軟（在品嘗的前一天，請做到這個步驟）。

 營養師這樣説

- 可以用草莓、奇異果、芒果等當季水果來代替藍莓，也很適合。如果要用來帶便當，我會推薦不易出水的青葡萄、無花果、西梅乾。

- 可以用黃豆粉、穀物粉、膳食纖維來代替燕麥粉。如果配上少許肉桂，就能嘗到更豐富的味道。不論怎麼變換，都能依照喜好享受這道燕麥粥。

4. 品嘗前從冷藏室拿出來，放上藍莓和可可豆碎粒就完成了。

有飯又有菜，豐盛且分量十足

綜合蔬菜煎餅

若長期吃減肥餐，遲早會進入停滯期，同時也會出現需
少吃碳水化合物的情況。準備比賽期間，我曾在最後緊
要關頭時，將碳水化合物的分量減少到 50 公克，當時把
50 公克的飯放於磅秤上，我不禁嘆了一口氣，心想著光
吃這樣的量肯定撐不下去，於是憑著再怎麼樣都要增加
分量的信念，設計了這道「綜合蔬菜煎餅」。完成之後，
不僅變得更有分量，正好也能善用冰箱裡剩下的食材，
又能攝取到適量的蔬菜，是一道一舉三得的菜色。

材料

主食材
雜糧飯	50 公克（或糙米飯）
蛋	3 顆
櫛瓜	1/4 條
杏鮑菇	1/3 朵
韭菜	10 公克
青椒	1/5 個

調味料
鹽	1 小撮
胡椒粉	少許
番茄醬	1 大匙（或拉差辣椒醬）
橄欖油	1 大匙

1. 櫛瓜、杏鮑菇、韭菜和青椒切丁。

2. 蛋打散，接著放入飯和切碎的蔬菜，再撒入鹽和胡椒粉拌勻。

 營養師這樣說

· 除了飯和蛋，其他蔬菜均可任意替換成冰箱裡的現有食材，不用侷限於食譜上的也無妨。

· 煎餅時先起油鍋，接著用廚房紙巾擦一下鍋底再煎，這樣可以減少橄欖油的用量。

· 蘸番茄醬或是拉差辣椒醬享用，便能吃到更開胃爽口的滋味。

3. 起油鍋，接著用湯匙舀起 **2.** 的蛋糊倒入鍋中，將正反面煎熟，最後再依喜好搭配番茄醬或是拉差辣椒醬。

令人精神振奮，吃下後就有好心情的甜點！

蘋果肉桂派

不論是生氣、憂鬱或情緒低落的日子，都跟著我一起大喊「AC 派」吧！AC 派這個名字是我 IG 上的網友們一起取的，某天突然很想吃蘋果派，於是做了這道蘋果肉桂派。清脆的蘋果和又香又甜的地瓜餡，再配上酥脆的玉米薄餅，變成魅力無法檔的食譜。吃下這道蘋果肉桂派，任誰都會擁有好心情。

材料

主食材

玉米薄餅	1 張（8 吋）
蒸好的地瓜	80 公克
蘋果	1/2 顆
披薩專用起司絲	1 大匙
杏仁片	1 大匙

調味料

肉桂粉	0.5 大匙
椰棗糖漿	2 大匙
（或寡糖 1 大匙）	

 營養師這樣說

- 若使用氣炸鍋，正反面以 180 度各氣炸 3 分鐘。

- 披薩專用起司絲有黏合派皮的功用。如果沒有披薩專用起司絲，可將 1 片起司片切絲後代替，均勻撒在內餡上。

- 趁熱吃更美味，就算放涼也很好吃！

1. 蘋果洗淨去籽後，切成薄片。

2. 將肉桂粉、椰棗糖漿 1 大匙（或寡糖 0.5 大匙），放入蒸好的地瓜中搗碎。

3. 蘋果放入無油的鍋裡，用中火煮至軟化。

4. 將玉米薄餅鋪在鍋子上，一邊放上搗碎的地瓜、蘋果、杏仁片和披薩專用起司絲，接著用小火將正反面煎至金黃色。切成三等分後盛盤，再淋上剩下的糖漿即可。

料理時間
25
分鐘

起司鍋巴和地瓜餅皮，變身成美味披薩

無油地瓜披薩

當我開始減肥後，這道披薩便擠進必吃清單的前十名。
我問自己，減肥難道不能吃得既清淡又健康嗎？難道沒
辦法用零碎食材，快速煮出料理嗎？問完這些問題後，
這道「無油地瓜披薩」就誕生了。將地瓜和切達起司搗
碎後完成的地瓜餅，不論是口感或視覺，均魅力十足。

材料

主食材————————

蒸好的地瓜	100 公克
雞胸肉	50 公克
（即食品）	
聖女小番茄	3 顆
青花菜	30 公克
黑橄欖	3 粒
切達起司	1 片
披薩專用起司絲	2 大匙

調味料————————

番茄醬	1 大匙
胡椒粉	少許
巴西里粉	少許

1. 雞胸肉和青花菜切丁；黑橄欖和聖女小番茄切成薄片。

2. 蒸好的地瓜和切達起司一起搗碎，接著鋪在鍋子上當作地瓜餅皮使用。

3. 在地瓜餅皮上塗抹薄薄的番茄醬，接著撒上 **1.** 和披薩專用起司絲。

4. 用鍋蓋或鋁箔紙將鍋子蓋起來，用中小火將起司烤到融化就完成了。

 營養師這樣說

* 製作前可先確認冰箱庫存，任何食材都能當作配料，且依舊好吃。

* 使用烤箱或氣炸鍋，能做出金黃可口的披薩。只要以 180 度氣炸約 10 分鐘，直到起司融化即可。

料理時間

20
分鐘

番茄加蛋，簡單吃也能有好心情！

番茄烘蛋

看到番茄與蛋的組合，你是否覺得了無新意？如果吃膩了番茄炒蛋，那就稍微變換一下，烤過後再享用。小巧可愛的模樣，讓人心情也變好。番茄缺乏的蛋白質就由蛋來補足；蛋缺乏的維生素 C 和膳食纖維，則由番茄來補充，連營養方面也可說是天作之合呢！

材料

主食材————————
番茄	2 顆
蛋	2 顆

調味料————————
鹽	少許
胡椒粉	少許
巴西里粉	少許
橄欖油	0.5 大匙

 營養師這樣說

· 在番茄上放半片起司片再烤，也很美味。

· 假如前一天暴飲暴食或攝取太多碳水化合物，便可以這道無碳水料理代替正餐。

· 挖出來的番茄籽可做成莎莎醬，也可和其他蔬菜一起打成蔬果汁喝。

1. 番茄洗淨後切除蒂頭，接著小心地將裡面挖空，避免戳破底部。

2. 用廚房紙巾將番茄裡的水分擦乾後，將巴西里粉撒在裡面。

3. 將蛋打入番茄中，並用鹽和胡椒粉調味。

4. 在番茄表面抹油，接著用氣炸鍋以 180 度氣炸約 15 分鐘就完成了。

料理時間
10
分鐘

炎炎夏日，如同吃冰淇淋般的口感！

冰栗子南瓜優格

在炎熱的夏天減肥，感覺更熱了，那就來吃這道不用站在瓦斯爐前，也能完成的冰栗子南瓜優格吧！先做好數個完成品完再冰起來，就能慢慢拿出來享用。上班時也可隨身攜帶，不但方便食用，對於正在減肥的上班族來說，也是一道理想的減肥餐。不妨為自己準備這道如同冰淇淋般，冰冰涼涼的餐點吧！

材料

主食材————

栗子南瓜	1/2個（130公克）
希臘優格	80 公克
藍莓	20 公克
可可豆碎粒	5 公克

調味料————

肉桂粉	0.3 大匙

 營養師這樣說

- 只要冰 30 分鐘左右就可直接品嘗。如果冰超過半天以上，退冰後即可食用。可退冰後再吃，但在結冰狀態下享用，也依然美味。

- 就算沒有希臘優格，使用一般的原味優格也無妨。使用各式各樣的配料，就能無限變化出各種食譜。我推薦水果乾、青葡萄、無花果、偏硬的水蜜桃等，用水分較少的水果當作配料。

1. 將栗子南瓜放在可微波的容器中，用微波爐加熱 6 分鐘，完全熟透後對切並挖出籽。

2. 將肉桂粉均勻撒在栗子南瓜內，接著放入優格和藍莓。

3. 繼續用優格將栗子南瓜填滿，再撒上可可豆碎粒就完成了。

4. 放入密封容器內，再放進冷凍庫冰鎮，最快半小時就可享用。

甜鹹交錯的滋味，是主食也是甜點

栗子南瓜蛋盅

減肥時，這道栗子南瓜蛋盅是能撫慰疲憊心靈的菜色。在夏天吃，能品嘗到又甜又綿密的滋味。剛採收的栗子南瓜，其甜味可能尚未完全釋放出來，這時可於採買後先置於陰涼處約 30 天，只要經過後熟過程，就會變成更香甜的栗子南瓜了。這道菜不但含有碳水化合物和蛋白質，味道也很好，是男女老少都愛的食譜。

材料

主食材——————
栗子南瓜	1/2 個（130 公克）
起司片	1/2 片
蛋	1 顆

調味料——————
鹽	1 小撮
巴西里	1 小撮
磨碎的紅椒粉	1 小撮

1. 栗子南瓜洗淨後，用微波爐加熱 6 分鐘至熟透。

2. 將熟透的栗子南瓜對切，並挖出籽。

3. 將蛋打入栗子南瓜中，弄破蛋黃後放入鹽，接著用微波爐加熱 2 分鐘。

4. 將半片起司放在從微波爐取出的南瓜上，利用餘溫讓起司融化後，再撒上巴西里和磨碎的紅椒粉就完成了。

 營養師這樣說

- 這道料理可搭配沙拉做成便當；也可事先將南瓜蒸好，早上只需放入餡料並加熱，就能帶到公司享用，「簡單方便」就是這道菜的魅力。

- 南瓜可用地瓜或馬鈴薯來取代。假如想補充蛋白質，可以多挖出一些南瓜果肉，營造出更大的空間，接著放入即食雞胸肉或雞胸肉火腿等食材當作配料，就可吃到更豐盛的蛋盅。

料理時間
25
分鐘

利用冰箱中的剩餘食材，做成美味鹹派

綜合時蔬鹹派

開始減肥後，冰箱中剩下的蔬菜遠比想像中多，也許是因為這樣，我的減肥餐中才會有那麼多適合用來清冰箱的菜色，其中，我最喜歡的是綜合時蔬鹹派。鹹派是法國的代表性蛋料理，是一道能輕鬆吃到碳水化合物、蛋白質和蔬菜的完美減肥餐。要放入派中的蔬菜，可使用自家冰箱裡的零碎食材，不用侷限於食譜上的材料。

材料

主食材

蛋	3 顆
馬鈴薯	80 公克
青花菜	40 公克
番茄	1/2 個
洋蔥	1/6 顆
起司	1/2 片

調味料

鹽	1 小撮
胡椒粉	1 小撮
低脂牛奶	2 大匙
橄欖油	0.5 大匙

 營養師這樣說

• 如果想做厚一點的鹹派,可以用小一點的鍋子,這樣就能做出厚實的派。不過,如果要把內餡煮熟,必須蓋上鍋蓋,用最小火慢慢烹煮才行。

• 假如沒有符合鍋子大小的鍋蓋,可改用鋁箔紙來蓋。

• 快要煮熟時,放上 1 片起司會更美味。如果覺得太負擔,每加 1 片起司就少用 1 顆蛋,多少能減輕一些罪惡感,也能吃得清淡且飽足。

1. 馬鈴薯去皮切塊後,放入耐熱容器中,用微波爐加熱 2 分鐘至熟透。

2. 青花菜、番茄和洋蔥切丁。

3. 蛋用牛奶、鹽和胡椒粉調味,並均勻打散。

4. 起油鍋,接著拌炒洋蔥、番茄、馬鈴薯和青花菜。

5. 將 **3.** 和起司加入鍋內,並蓋上鍋蓋,用小火煮約 5 分鐘就完成了。

厚切版的氣炸薯條，好吃得不得了！

蒜末厚切馬鈴薯條

一旦開始減肥，會優先購買地瓜，因為食譜中常會將地瓜當作唯一的碳水化合物來源，不過，偶爾可也用馬鈴薯代替，設計出更豐富多元的餐點！只要使用氣炸鍋，就能輕鬆做出烤馬鈴薯。調味料中添加了蒜末，大蒜一經加熱後會產生名為「大蒜烯」的成分，這個成分能幫助分解體內脂肪、排出老廢物質及預防血栓形成。

材料

主食材

馬鈴薯　　130 公克

調味料

香草鹽　　0.3 大匙
橄欖油　　1 大匙
蒜末　　　0.5 大匙

1. 馬鈴薯洗淨後，切成長條狀。

2. 再用水沖洗一次切好的馬鈴薯，接著去除水分。

3. 用橄欖油、蒜末和香草鹽拌馬鈴薯。

 營養師這樣說

- 這道菜也適合事先做好後分裝成小分量，先冷凍再退冰享用，當作備餐菜色。

- 如果準備的食材分量比食譜多時，請延長氣炸的時間。

- 想吃炸薯條時，不妨以這道菜代替。

4. 馬鈴薯調味好後，用氣炸鍋以 180 度氣炸 12 分鐘就完成了。

料理時間 **10** 分鐘

香腸配年糕，是碳水化合物及蛋白質的組合

香腸年糕串

在我減重時，市面掀起香腸年糕串的熱潮，是令人難以忍受的誘惑。於是我開始思考該如何做，才能吃到這道料理，最後決定，以糙米年糕條當作碳水化合物，再以雞胸肉香腸當作蛋白質，拿捏好分量後再吃，以一頓飯來說已經很足夠，於是這道減肥版的香腸年糕串就誕生了。說真的，作法簡單到稱不上是食譜，我甚至有過一個人興奮地吃著年糕串，一邊感嘆竟然能吃到如此美味，對我來說是一份珍貴的食譜。

材料

主食材────────

糙米年糕條　100 公克
雞胸肉香腸　100 公克

調味料────────

橄欖油　　　0.5 大匙
番茄醬　　　少許
黃芥末醬　　少許

1. 年糕條和香腸切成相同長度。

2. 將年糕條和香腸，輪流串在竹籤上。

 營養師這樣說

- 如果想吃微辣的口味，可以搭配是拉差辣椒醬；如果想吃得重口味些，可將番茄醬、辣椒醬和寡糖以 1：1：0.5 的比例混合，再加入芝麻，做成醬料搭配。

- 不一定要串在竹籤上，也可以半煎半炒再搭配醬料享用，就是美味的一餐。

- 如果覺得蔬菜不夠多，建議搭配沙拉或蔬果汁享用。

3. 起油鍋，食材的正反面各煎一下。

4. 將香腸年糕串盛盤，淋上番茄醬和黃芥末醬就完成了。

料理時間 **20** 分鐘

口感酥脆,並含有豐富蛋白質

酥脆豆干絲南瓜熱狗

每當減肥時,熱狗就是我莫名會想吃的食物之一,想吃到我總是一邊減肥,一邊數著日子,等待可以吃熱狗的那天到來。這道菜是我懷著對熱狗的殷切期盼下,所誕生的減肥版熱狗餐,沒有油膩的味道,是一道充滿酥脆口感和淡淡香氣的高蛋白餐。

材料

主食材

甜南瓜	100 公克
雞胸肉香腸	70 公克
豆干絲	30 公克
竹筷	1 支

調味料

無糖番茄醬	少許
黃芥末醬	少許

1. 南瓜蒸熟後去籽，再將果肉搗成泥。

2. 將香腸插在竹筷上。

3. 將搗成泥的南瓜包在香腸表面。

 營養師這樣說

- 可搭配無糖番茄醬、黃芥末醬或是拉差辣椒醬等各式醬料享用，吃起來更美味！

- 可用馬鈴薯或地瓜代替甜南瓜，也很好吃。

4. 將豆干絲一圈一圈包在 **3.** 上後，用氣炸鍋以 180 度氣炸 10 分鐘就完成了。

用茄子捲起大量蔬菜，再一口咬下！

一口吃茄子捲

茄子捲能一口吃到碳水化合物、蛋白質和膳食纖維，賣相漂亮，又能一飽眼福，就連不喜歡吃茄子的人也容易入口。沒有胃口的夏天，就吃這道營養滿分的「一口吃茄子捲」吧！

材料

蒸好的地瓜　80 公克

雞胸肉　　　50 公克（即食品）

茄子　　　　1.5 條

甜椒　　　　1/4 個

洋蔥　　　　1/6 顆

蘿蔔嬰　　　20 公克

竹籤　　　　5 支

調味料───────

醬油　　　　1 大匙

白醋　　　　0.3 大匙

寡糖　　　　0.3 大匙

 營養師這樣說

· 如果有檸檬，可以切片
　後放入醬汁裡，味道就
　會變得更清爽、順口。

· 不另外調醬汁，直接搭
　配是拉差辣椒醬也依舊
　美味。

1. 茄子切成長條薄片；蒸好的地瓜、雞胸肉、
甜椒和洋蔥切成長條狀；蘿蔔嬰洗淨後去
除水分。

2. 熱鍋後，無油乾煎切成薄片的茄子，煎至
茄子變軟。

3. 將其他食材放在煎好的茄子上再捲起來，
並用竹籤固定。

4. 將調味料拌勻當作醬汁，就完成了。

方便一口吃，更含大量蛋白質

牛肉蘑菇球

一口就能吃到蛋白質和碳水化合物的蘑菇球，是只屬於我的週末特餐。最近市面上有許多富含蛋白質和碳水化合物的即食品，不過，若想靠自己的雙手精心準備重要的一餐時，這道菜用氣炸鍋就能完成。當蘑菇的湯汁遇上牛肉的肉汁，讓這道菜變得香氣十足，吃起來也更有飽足感。

材料

主食材

雜糧飯	50 公克
牛絞肉	50 公克
蘑菇	9 朵
洋蔥	1/5 顆
蛋	1 顆

調味料

麵粉	1 大匙
香草鹽	0.5 大匙
胡椒粉	少許
橄欖油	0.5 大匙

 營養師這樣說

- 搭配無糖番茄醬、是拉差辣椒醬或番茄紅醬一起享用,風味更佳。

- 洋蔥和菇柄要切得夠細,才會方便填入蘑菇內。添加在內餡中的蔬菜,可依個人喜好增減分量。

1. 蘑菇去除菇柄,接著將菇柄剁碎;洋蔥切丁備用。

2. 將雜糧飯、牛絞肉、剁碎的菇柄、洋蔥丁和蛋拌勻,接著用香草鹽和胡椒粉調味,做成內餡。

3. 將麵粉塗抹在蘑菇內側後,放入內餡填滿。

4. 在內餡上方塗上少許橄欖油,接著用氣炸鍋以 180 度氣炸 10 分鐘就完成了。

淺嘗一口，彷彿來到西班牙！

西班牙番茄麵包

「番茄麵包」（Pan con Tomate）是將新鮮大蒜和番茄塗抹在烤過的麵包上，再撒上優質橄欖油和鹽的西班牙開胃菜，是一道能品嘗當季熟成番茄和大蒜的最佳料理。生吃大蒜才能攝取到「大蒜素」，其抗癌效果顯著，且能提升抗菌作用及維生素 B1 在體內的吸收率，更有助於消除疲勞。除此之外，大蒜素對心血管和腸胃疾病也能發揮功效，是相當好的成分。生吃大蒜不容易，但是透過番茄麵包就能輕鬆攝取到新鮮大蒜了。

材料

主食材

法式長棍麵包	3 片（75 公克）
番茄	1 顆
大蒜	1/2 瓣

調味料

橄欖油	3 大匙
鹽	3 小撮

1. 在熱鍋中，將法式長棍麵包煎至金黃酥脆。

2. 番茄和大蒜對切後備用。

3. 用叉子叉起大蒜，直接塗抹在長棍麵包上，接著將番茄抹在長棍麵包上，用橄欖油和鹽調味後即可享用。

 營養師這樣說

- 假如沒有法式長棍麵包，用吐司代替也相當美味。無油乾煎麵包，並煎至酥脆可口，煎好後立即享用，才能吃到番茄麵包的精髓。

- 你也許擔心是否會攝取過多橄欖油，然而減肥期間攝取適量油脂也很重要。橄欖油屬於植物性油脂，能增加體內荷爾蒙「膽囊收縮素」的分泌，並帶來飽足感，同時也具有促進排便的功效。再者，橄欖油含有多酚和鉀，能預防高血壓，幫助排出老廢物質及鈉，屬於優良油脂。

- 番茄抹完長棍麵包後，剩下的分量可當作飯後點心享用。

料理時間
25
分鐘

富含花青素，更能抗老化

紫薯蛋堡

只要是內行的減肥族，一定都吃過蛋堡，那是一道能輕鬆攝取到碳水化合物和蛋白質的美味人氣餐點。我這次吃的是用紫薯做的蛋堡，紫薯被稱為「紫色食物」，甜度比一般地瓜低且略帶苦味，也有人說它沒味道，因此不太會主動品嘗，但它卻是對減肥、健康有益的優良食材。讓紫薯呈現紫色的是花青素，能防止老化、預防癌症；豐富的鉀也有助於排出體內的鈉，同時降低膽固醇，有效保護血管健康。

材料

主食材————

紫薯	100 公克
蛋	1 顆
起司片	1 片
無添加豆漿	2 大匙（或牛奶）

調味料————

| 鹽 | 1 小撮 |
| 胡椒粉 | 少許 |

 營養師這樣說

• 如果沒有把蛋黃弄破，蛋在微波爐裡可能會流得到處都是或「砰」一聲就破掉，因此蛋黃務必要戳破。

1. 紫薯去皮後切成小方塊狀，接著放入耐熱容器中，蓋子留一點縫隙，再用微波爐加熱 4 分鐘至熟透。

2. 將豆漿放入熟透的紫薯中，接著搗成泥狀。

3. 起司片撕碎後放在紫薯上方。

4. 在碗中打入 1 顆蛋，並將蛋黃戳破，接著用鹽和胡椒粉調味，放入耐熱容器中，再用微波爐加熱 1 分鐘，至蛋熟透。

關於減肥的所有問題，
Rami 營養師一次回答！

Q1 減肥餐中，可以吃油煎或炒的料理嗎？

A —— 那是當然的！我的飲食清單中也有相當多使用到油的食譜，因此我認為不用非得限制油品（脂肪）的使用也無妨。相反地，假如過度限制，當你再次恢復吃一般餐點時，反而更容易復胖。我的想法是，清淡的餐點固然有它的優點，但是習慣吃一般餐的我們多少要使用油脂，再透過又香又美味的減肥餐來減重，這樣才能享受減肥過程。

Q2 吃沙拉時，可以搭配沙拉淋醬嗎？

A —— 可以，我為健美比賽所準備的餐點，也會搭配淋醬或醬料一起吃。不過在比賽前一到兩週時，我會再調整飲食，但是為期三個月的準備時間也需要適量的油脂，因此我吃蔬菜時還是會搭配一到兩大匙沙拉淋醬。最重要的是，我不想在減肥時吃不美味的食物，即使是蔬菜，也要吃得津津有味啊！

Q3 該如何調整用餐時間？

A —— 營養師的用餐時間依工作環境而異，所以我會彈性調整。通常我會吃三餐，上午十點吃第一餐，下午兩點吃第二餐，晚上六點再吃第三

餐，間隔四小時用餐，最慢五小時內一定會吃飯。另外，建議運動前兩小時吃飯，待消化得差不多後再開始，然後最後一餐盡量在睡前四小時吃完，以便讓食物充分消化完畢。睡前要盡可能消化完食物，才能睡得安穩；運動時，則要待食物消化得差不多後再進行，這樣才能提高運動專注度，同時也能避免消化不良。

Q4　減肥期間可以吃泡菜嗎？

A —— 如果想吃泡菜，我會在每餐減肥餐中，搭配五十到七十公克的泡菜。減肥時未必要控制鹽分，「控制鹽分才會瘦」這句話早已過時了，近來主張攝取適量鹽分，對健康及減肥都有益，再加上泡菜富含乳酸菌、維生素和礦物質，同時又是含有大量膳食纖維的發酵食品，因此我認為泡菜有益減重。

Q5　減肥時能吃麵包或麵粉嗎？

A —— 不能每天吃，但是偶爾當作特別食物，酌量享用是無妨的。「無條件禁止」是吃減肥餐最煎熬的理由之一，但是在我的飲食清單和食譜中，會吃到麵包也會使用麵粉，並不會因為吃了一些澱粉就發胖。如同我常說的，減重要吃得津津有味才是最重要的。近來已很容易買到適合減肥族的各式全麥麵包，可以做成三明治，一餐吃一到兩片，但是奶油含量高的牛角麵包或含糖量高的甜麵包，最好還是得忍住別吃。

Q6 空腹時會做有氧運動嗎？

A —— 長期追蹤我 IG 的人一定都知道，我不太會空腹做運動，我多少會簡單吃些東西後再運動。許多人認為空腹做有氧運動更容易瘦，可是每個人的健康狀況不同，有些人可能適合空腹做有氧運動，但是對某些人來說卻是危險行為。起床後以空腹約八小時的狀態做運動，在毫無能量來源且血糖和胰島素處於最低值的情況下，有些人可能會出現低血糖的症狀，因此必須格外注意。結論是，無論是空腹還是用餐後，持續地同時進行有氧運動和肌力運動，且確實操作才是最佳辦法。身體總是行事正直，不會說謊的。

Q7 聽說吃水果不會變胖，減肥時可以大量食用嗎？

A —— 如果你認為吃水果絕對不會發胖，那就錯了！由於水果也含有大量糖分，因此將水果視作碳水化合物也不為過。水果的主要糖分被稱為果糖，當攝取過量果糖時，會導致中性脂肪堆積在肝臟或腹部，甚至會誘發代謝症候群。雖說如此，也不能完全都不吃水果。減肥期間攝取適量水果也很重要，拿捏好分量後再擬訂飲食清單，這時就能從水果中獲得缺乏的營養素。

因為對減肥的人而言，水果中含有的大量維生素、礦物質和膳食纖維，都是不可或缺的重要營養素。想吃水果時，我會減少一些減肥餐中碳水化合物的分量，然後增加多一點水果，或是乾脆某一餐就用豐盛的水果代替。適合在減肥時吃的理想水果包括：西瓜、葡萄柚、番茄、奇異果、香瓜、水梨和柿子等，這些水果不僅水分多，同時也含有對瘦身有益的成分。

Q8 請問 Rami 現在的基礎代謝率和體脂肪率是多少呢？

A —— 跟先前參加健美比賽時相比，雖然我現在增胖許多，但是相較於正式運動和控制飲食之前，整個人不但更健康，狀態看起來也更好，這是無法相比的。目前基礎代謝率是 1322 大卡，體脂肪率則是 26.3%。一般來說，成人女性的基礎代謝率是 1100 至 1200 大卡。男性標準體脂肪率是 15±5％（10 到 20％），女性標準體脂肪率則是 23±5％（18 到 28％）。

　　以目前的狀態來看，我的基礎代謝率稍微高出一些，體脂肪率則是處於正常值。女性的基礎代謝率之所以比男性低，是因為男性荷爾蒙分泌的量遠比男性少的關係。因此，比起男性，女性的肌肉量偏低，基礎代謝率也比男性來得低。體脂肪率則是女性比男性高出 8 到 10%，意指跟男性相比，女性擁有的體脂肪率會多 8 到 10%。

Q9 減肥時曾遇過生理失調或停經的問題嗎？

A —— 除了領減肥處方箋的那次之外，我減肥多次都不曾遇過停經的問題。大家都知道透過藥物減重有多傷身吧？藉由飲食和運動減肥，不但身體更健康，體力也增強了，甚至連平時較差的免疫力也提升了。然而，像我為了準備拍寫真書或比賽，進行極端減肥時，雖然能清楚看見肌肉線條，卻很有可能導致生理失調或停經。

　　導致生理失調或停經的原因，通常是因為體脂肪減少太多，以致荷爾蒙失衡所引起。我曾試過極端的減肥法，不過並不是一次大量減重，而是慢慢地持續瘦身，因此才沒有出現上述問題。再者，我平時喜歡喝牛蒡茶，據說牛蒡有促進血液循環及調節荷爾蒙分泌的功效。另外，我

也大量攝取富含植物性雌激素（即異黃酮）的黃豆和豆腐，或許就是這樣才發揮了功效。我認為，還要多虧自己在餐點中添加了大量對女性有益的溫熱性食物「桂皮」（肉桂）。

Q10 因為妳是營養師，要減肥太容易了！

A ── 身為營養師，有好處也有許多難處。我從上班到下班都在廚房工作，一整天只想著食物（設計菜單及食譜），因此工作時必須熬過充滿誘惑的時間。不過由於我是營養師，能夠設計出形形色色的食材與菜單，所以優點就是我能為自己準備更精簡的飲食清單。

Q11 準備減肥餐時，開銷會很大嗎？

A ──開銷雖然大，但是跟吃一般餐沒有太大差異。即使吃一般餐，也會在外用餐和購買食材，或許在外用餐或聚餐的開銷更大也說不定。大家常說減肥食材太貴、減肥很花錢，所以難以執行，可是我認為那些都是藉口罷了。

我採買食材會精打細算，再設計適合該食材的菜單，所以總能吃得豐富又美味，我就是這樣瘦下來的。手頭寬裕時，我也會買價格昂貴的食材當作特別餐嘗。之所以會說減肥太花錢，可能是因為常買方便的減肥即食品。只要夠勤勞，使用當季便宜又新鮮的食材，也能煮出好吃又健康的菜色。

Q12 跟朋友吃飯或在外用餐時，妳都怎麼吃呢？

A —— 不論是飯局還是外出吃飯，我都是自由參加。假如碰上嚴格的減重期，我會自己準備好便當再去見朋友，然後徵求餐廳的諒解再用餐。如果是一般的減重期，我會選擇可以吃的菜色，盡情享受飯局。雖然有些人會覺得這樣很奇怪，但是近來人們為求健康會自我控管，所以越來越多人知道這是在做自我管理，自然也就能體諒了。

再說，即使正值減重時期，在外用餐能吃的餐點仍然遠比想像中來得多，只要控制好分量即可。像是以沙拉為主食的餐廳、涮涮鍋、烤牛肉（牛排）、越南春捲、烤鴨肉、蔬菜包飯、大麥飯、蒜香橄欖油義大利麵、烤魚套餐等，都是適合跟朋友共餐的選擇。只要像平時吃飯一樣，適當控制好碳水化合物和蛋白質的分量，同時搭配豐富的蔬菜，那麼無論在外面吃什麼都不用擔心了。自己什麼不該吃早已心知肚明，因此在外用餐時，最好避開麵粉、炸物類及含糖量高的餐點。

Q13 Rami 是否滴酒不沾呢？

A —— 萬幸的是，我的體質不適合喝酒。假如將我吃的食物分量加上喝下的酒，或許早已步上重度肥胖的路了。我真心熱愛食物，如果品嘗過食物配酒的美味，可能會難以戒掉也說不定。也許嗜酒者品嘗美食時，自然而然會想起美酒，不過正如我們所知，減肥是不能喝酒的。倘若碰上不得已非得喝酒的情形，喝酒前後都必須控制飲食，且要盡量少吃下酒菜。最理想的辦法是，在那之前就選擇不參加喝酒的聚會。

Q14 減肥時如果想吃甜食，該怎麼辦？

A —— 我會吃代糖或天然甜味劑等會釋出甜味的產品，或是靠水果解饞。近來有許多藉由代糖或天然調味劑釋出甜味所製成的巧克力、冰淇淋、果凍等，成分優質，減肥者或糖尿病患者也能食用，再加上產量大，很容易就能買到。雖說如此，將這些東西視作減肥食品，大量食用也不好吧？即使成分再好也要拿捏好分量，吃一些解饞就好。再者，設計食譜時，有些菜色必須添加甜味才會好吃，這時只要使用甜菊糖或椰棗糖漿即可。假如不好買，也可使用少量寡糖，就算是減肥餐，照樣能吃到令人眼睛為之一亮的滋味，而且只吃少許，對減肥不會造成太大影響。

Q15 可以盡情吃純素麵包嗎？

A —— 也許大家的意見會分歧，不過我個人是認為不該隨心所欲想吃就吃。首先，我們必須拋開吃素絕對不會發胖的觀念，因為吃素是指吃蔬食，但不吃肉、牛奶、蛋、取自動物的食材。比方說，原本用奶油製成的麵包改用植物性油脂代替。既然是要吃的食物，純素麵包會比一般麵包好，但與其隨心所欲大吃，倒不如先忍耐，待想吃時再一次吃下能帶來活力的分量就好。此外，蛋白質麵包是減少碳水化合物或油脂用量，以增加蛋白質所製成的麵包，建議將它加入菜單中。

Q16 想吃解禁的食物時，該怎麼吃才好呢？

A —— 在下定決心的減重期時，我不會吃解禁餐。解禁餐是指減重期間先忍住不吃想吃的食物，等到某一餐再吃。我的飲食清單中，有許多將

想吃的菜色改為減肥餐的料理，所以要忍住不吃那些充滿誘惑的食物，相對容易。我會將真的很想吃的食物逐一記錄在筆記本上，完成必吃清單，再好好忍住。假如減肥時能訂出明確的目標和減重時間，我認為這樣不但能撐下去，也能知道自己的極限，並且有所成長。

如果你是減重新手，我不會一開始就叫你忍耐，你可以訂出解禁日，但是不建議訂出期限，而是訂好目標再解禁。舉例來說，你可以訂下「瘦五公斤我就要吃炸雞」這樣的減重目標。達成目標後，吃一份自己想吃的餐點，然後再重新開始，那麼解禁這份禮物將會對你有所幫助。

Q17 有約束假性飢餓的方法嗎？

A —— 假性飢餓其實是肚子根本不餓，而是大腦覺得肚子餓，所以讓人有想要吃東西的念頭。只要出現假性飢餓，無論如何我都會狠下心來忍住，或是透過假性進食，找些可以咀嚼的東西來咬一咬。這些食物通常是蔬菜棒（紅蘿蔔、小黃瓜、白蘿蔔、球莖甘藍等）、堅果類（35 公克以內）、海苔或可可豆碎粒（每日建議攝取量 5 公克）等，多半是口感極佳的食材，並搭配大量喝水及經常刷牙。嘴饞想吃東西時，不妨先刷牙再喝溫水，如果還是行不通，那就小口小口地吃上述提及的食物，努力撐到下一餐。

Q18 逢年過節時，該如何減肥？

A —— 身為正在減肥的人，逢年過節真的無比辛苦。坦白說，我會適量飲食。當我正值減重期時，正巧碰上節慶假期，不過印象中並沒有對減

重帶來太大問題。理由是，我在減重期依然乖乖地控制飲食，並且持續運動。只要這些習慣變成你的基礎，即使逢年過節時打亂一兩天的節奏，也不會受到太大的影響。體重當然會有些變化，那是因為控制飲食後突然改吃一般餐，體內的鹽分和水分自然會比平常多的關係。然而，只要馬上恢復飲食控制和運動，這種短期增加的體重在一週之內就會瘦下來。我們是為了讓自己活得快樂又幸福而減肥，因此逢年過節時，當然也能吃些美食，前提是要避免暴飲暴食，拿捏好要吃的分量後再吃，這樣才能檢視自己吃了多少。

Q19 減肥停滯期時，是否有紓解壓力的祕訣？

A ── 簡而言之就是「放下」。不是要你放下減肥這件事，而是放下因不再瘦下來而感到急躁的心及當下的壓力。開始減肥後，如果能一路瘦下去該有多好？然而，瘦下來後勢必會碰上停滯期，我們也可以說，記得原先體重的身體有回到過去的回歸本能。事實上，減重後一旦體脂肪下降，為了維持不同的體內成分或身體模式，身體需要時間適應，這時就是所謂的停滯期。當停滯期來臨，千萬別鬆懈，只要想著「停滯期總算來了，這表示我瘦了不少」，並讓心定下來就好。假如停滯期過久使你筋疲力盡，這時請做些改變。

每當停滯期來臨，我會改變控制飲食和運動的方式。比方說，將原先 150 公克碳水化合物和 100 公克蛋白質的飲食組合，改為 100 公克碳水化合物和 150 公克蛋白質；將原先的肌力運動 1 小時及有氧運動 30 至 40 分鐘，改為肌力運動 40 分鐘及有氧運動 1 小時以上，也可以換成平時想嘗試的其他運動。如果你有在健身，也可以暫時改做拳擊或彈跳

等動態運動，或皮拉提斯、瑜伽等雕塑線條的運動。這樣的做法能使長期適應相同運動或飲食習慣的身體，轉換為不同的減重模式，藉此給予刺激。

Q20 看食譜發現妳以公克為單位計算進食量，請問真的每種食材都會秤重嗎？

A —— 那是當然的，秤是減肥的必需品，尤其是第一次跟著食譜吃的人，我更推薦使用秤。這麼做是為了每餐定量飲食，且量好分量後再用肉眼確認裝了多少，也能養成自我了解的習慣。照著食譜吃的同時，能掌握減重率，檢視完兩週到一個月的減重率後，便可得到個人專屬的分量數據。比起半碗飯、一塊雞胸肉這種單憑目測得到的食譜，養成準確測量後再吃的習慣，待減重期結束後要維持身材時，可以先用秤測量，再用肉眼目測，就能大略調整攝取量了。

跌倒了也別放棄，我與你同在

　　體重開頭數字總共變了五次（畢竟從八十九公斤瘦到四十八公斤），本來只能穿男性服飾或運動上衣的我，居然能完美消化 S 號的女性服飾，也跟原本此生無緣相見的腹肌相見歡，甚至在健美比基尼大賽中榮獲第一名，這些都是我始料未及的事。我曾嘗試過許多減肥方式，最後都以失敗收場，仔細回想後，才發現原因出在我沒有滿足自己吃飯的樂趣。

　　從那時開始，我不僅重視每一餐，也比任何人更苦惱究竟要吃些什麼、該怎麼做，才能吃得美味又健康，且不容易膩又變化多端。雖說減肥這件事要狠下心來才辦得到，但若限制太多又勉強進行，不但會更討厭減肥，且必會在壓力與痛苦中掙扎。因此，我想跟許多覺得控制飲食有難度，並為此感到挫折的減肥族分享我的經驗與知識，於是寫了這本書，現在也在 IG 上持續和網友們交流，分享營養資訊與美味健康的食譜。

　　你的人生不會因跌倒就一蹶不振，試著想想看，假使今天跌倒了，拍一拍再重新站起來，打起精神後再邁出下一步就好。沒有人打從一開始就能一蹴可幾，只要懷抱著「跌倒千萬別放棄，再試一次！」的心態，總有一天能成功。

　　縱使今天減肥失敗，也不代表你的人生毀了，只要凝聚努力及懇切

的心，懷抱希望及成功的意志即可。許多人問我：「成功減重後，人生會因此而改變嗎？」也許瘦下來後，人生並沒有因此改變，但是我們眼中的世界或許會有些不同。至少減肥後，我的人生就此改變了，並且更期待即將到來的日子。身為在減肥的營養師，我會繼續尋找能吃得健康又美味的飲食方法，且持續運動，成就美麗的自我。在看這本書的你，也會與我同在，對吧？讓我們攜手步上健康的減重之路吧！

編輯部的話

任小小 ｜ 明明不苗條，卻厚臉皮地不怎麼想減肥，透過這本書認識 Rami 後，我有些改觀了。也許是這段日子我對自己沒有自信，才會連試都沒試過。讀完 Rami 的故事後我鼓起勇氣，買了珍貴如黃金般的食譜，現在只要慢慢動起來就行了。寫完這段話後，我已經在前往廚房的路上了。

崔迪特 ｜ 從提出出版建議到現在，Rami 的第一本書誕生了。我們在蕭瑟的冬天首次見面，在溫暖的春天選定食譜，並在炎熱的夏天時，站在爐火前下廚和進行拍攝工作，度過涼爽的秋天後，再一路延續到日光短暫的初冬。這一年來，我拜讀著以一種食材變化出的各式食譜，過得還算可以。不光是研究食譜，從下廚、食物風格到拍攝，都是由作者一手包辦，每一處都由她經手。這本書打破「減肥餐和健康食品不好吃」的偏見，但願它能讓減肥的人保有對飲食的樂趣。

健康力

體脂少20%！我三餐都吃，還是瘦41kg：海鮮鍋物・肉品
蓋飯・鹹甜小點，維持3年不復胖，打造理想體態的86道減脂料理

2021年3月初版　　　　　　　　　　　　　　　　　　定價：新臺幣399元
有著作權・翻印必究
Printed in Taiwan.

著　　者	李	姝		娴
譯　　者	林	育		帆
叢書主編	陳	永		芬
校　　對	陳	佩		伶
影片協力	黃	莞		婷
內文排版	葉	若		蒂
封面設計	比 比	司	設	計

出　版　者	聯經出版事業股份有限公司	副總編輯	陳	逸	華
地　　　址	新北市汐止區大同路一段369號1樓	總 編 輯	涂	豐	恩
叢書主編電話	(02)86925588轉5306	總 經 理	陳	芝	宇
台北聯經書房	台北市新生南路三段94號	社　　長	羅	國	俊
電　　　話	(02)23620308	發 行 人	林	載	爵
台中分公司	台中市北區崇德路一段198號				
暨門市電話	(04)22312023				
台中電子信箱	e-mail：linking2@ms42.hinet.net				
郵政劃撥帳戶第0100559-3號					
郵撥電話	(02)23620308				
印　刷　者	文聯彩色製版印刷有限公司				
總　經　銷	聯合發行股份有限公司				
發　行　所	新北市新店區寶橋路235巷6弄6號2樓				
電　　　話	(02)29178022				

行政院新聞局出版事業登記證局版臺業字第0130號

本書如有缺頁，破損，倒裝請寄回台北聯經書房更換。　　ISBN 978-957-08-5707-8 (平裝)
聯經網址：www.linkingbooks.com.tw
電子信箱：linking@udngroup.com

國家圖書館出版品預行編目資料

體脂少20%！我三餐都吃，還是瘦41kg：海鮮鍋物・肉品
蓋飯・鹹甜小點，維持3年不復胖，打造理想體態的86道減脂
料理/李姝娴著．林育帆譯．初版．新北市．聯經．2021年3月．272面．
17×23公分（健康力）
ISBN 978-957-08-5707-8（平裝）

1.食譜　2.減重　3.健康飲食

427.1　　　　　　　　　　　　　　　　　　　　　　　110001457

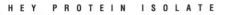

HEY PROTEIN ISOLATE

MOVE UP ON

vilson 米森

輕盈無加糖。

運動不爆醣

供給身體
所需能量

幫助
生長發育

有助於
組織修復

肌肉合成
來源之一

低活動量
久坐上班族
或銀髮族

中活動量
每天運動1小時
或勞力型工作

高活動量
增肌、重訓
的人

體態要求
體重控制者

每份約
19.6g 蛋白質
保留完整胺基酸

NO SUGAR ADDED
ONLY PURE PROTEIN

無加糖 分離乳清蛋白粉系列

香濃牛奶 | 紅茶拿鐵 | 抹茶拿鐵 | 可可拿鐵 | 無調味分離乳清蛋白

筋膜放鬆修復全書

25 個動作，有效緩解你的疼痛！

以「放鬆筋膜」為基礎，
治療疼痛的必備自助指南。
一套符合全人醫療的身心療法！

阿曼達・奧斯華◎著

鬆筋膜・除痠痛・雕曲線的
強肌伸展解痛聖經

114 個最有效的「解痛運動」！

痛症，是老化的警訊！
想清除慢性疼痛，必須先「鍛鍊肌肉」！
精準伸展就能消除疼痛。

金修然◎著

好好走路不會老

走 500 步就有 3000 步的效果！

強筋健骨、遠離臥床不起，
最輕鬆的全身運動！
每天走路，就是最好的良藥。

安保雅博、中山恭秀◎著

斷食 3 天，讓好菌增加
的護腸救命全書

70% 的免疫細胞，都在腸道！
專業腸胃醫師的「3 步驟排毒法」，
有效清除毒素，7 天有感，3 週見效，
找回你的腸道免疫力！

李松珠◎著

中醫師教你排熱治病

排「熱毒」，治百病！
全台第一本排熱專書，
教你吃對飲食、斷開病根，
有效排出體內的熱毒！

崔容瑄◎著

生酮飲食讓孩子變聰明

全台第一本針對學齡兒童、青少年的
生酮飲食書！
理論搭配一週生酮飲食菜單，
讓孩子提升學習力、取得好成績。

白澤卓二、宗田哲男◎著

因為整理，人生變輕鬆了

減量，是一種生活練習！
幫助 2000 個家庭的整理專家，
教你從超量物品中解脫，
找回自由的生活！

鄭熙淑◎著

我也不想一直當好人

帶來傷害的關係，請勇敢拋棄吧！
沒有任何一段關係，值得讓你遍體鱗傷。
幫助 3000 人重整關係的心理諮商師，
教你成為溫柔但堅決的人！

朴民根◎著

我微笑，但不一定快樂

不快樂，是可以說出來的事！
最暖心的暢銷作家高愛倫，
寫給憂鬱者、照顧者、陪伴者的理解之書！
她想告訴你，憂鬱真的不可怕。

高愛倫◎著